铁路科技图书出版基金资助出版

和谐型交流传动机车技术丛书

HXD3C 型电力机车

《和谐型交流传动机车技术丛书》编委会　著

中国铁道出版社有限公司

2024年·北 京

内 容 简 介

本书为《和谐型交流传动机车技术丛书》之一。全书共分十二章，分别为 HXD_{3C} 型电力机车概述，机车总体，牵引电传动系统，高压电器，辅助电气系统，通风、冷却系统，微机网络控制系统，制动系统，车体，转向架，车载安全监测设备，机车使用与维护。

本书可作为从事和谐系列交流传动机车运用、检修、维护的专业人员和技术管理人员的学习培训教材，也可作为大专院校、科研院所的学习参考资料。

图书在版编目(CIP)数据

HXD_{3C} 型电力机车/《和谐型交流传动机车技术丛书》编委会著．—北京：中国铁道出版社有限公司，2020.4(2024.4 重印)
(和谐型交流传动机车技术丛书)
ISBN 978-7-113-26387-4

Ⅰ.①H… Ⅱ.①和… Ⅲ.①交流电力机车 Ⅳ.①U264.2

中国版本图书馆 CIP 数据核字(2019)第 244325 号

书　　名：HXD_{3C} 型电力机车
作　　者：《和谐型交流传动机车技术丛书》编委会

策划编辑：王明容　　**责任编辑：**袁文东　　**编辑部电话：**(010)51873421
封面设计：崔丽芳　　**电子邮箱：**jiche@tdpress
责任校对：孙　玫
责任印制：高春晓

出版发行：中国铁道出版社有限公司(100054，北京市西城区右安门西街 8 号)
网　　址：http://www.tdpress.com
印　　刷：三河市兴博印务有限公司
版　　次：2020 年 4 月第 1 版　2024 年 4 月第 4 次印刷
开　　本：787 mm×1 092 mm　1/16　**印张：**11.25　**字数：**260 千
书　　号：ISBN 978-7-113-26387-4
定　　价：120.00 元

《和谐型交流传动机车技术丛书》
编 委 会

本书编写人员：杨守君　王　威　张　律　王　猛　张彦民

杨朝晖　徐玮宏　林久胜　王　寅　田光兴

陶红杰　梁海涛　吴国栋　王翔远　郭守相

李俊文　曾　俊　姜　涛　林景东　邢　军

王乐民

本书审核人员：刘洪生　慕元鹏　欧勇辉　臧玉军　郑志刚

黄　涛　刘　帆　郑维飞　刘文俊　马　帅

齐志刚　冯　昊　容长生　寇树仁　闫志宏

穆　鑫　李红斌　王本涛　杜浩江

序

当今时代，中国铁路路网规模日新月异、铁路科技迅猛发展，铁路牵引动力装备在短期内迅速实现了从直流传动到交流传动的转换，跨入了世界机车技术的先进行列。中国铁路通过创新驱动，实现了铁路技术装备的现代化，大批具有自主知识产权、牵引性能优良、节能环保的和谐型交流传动机车的投用，快速扩充了路网的运输能力，缓解了铁路运输能力严重不足的制约，满足了我国经济社会平稳快速发展对铁路运输的要求。

《和谐型交流传动机车技术丛书》从机车总体、系统和部件的技术特性、结构特征及技术参数等方面，对各型号和谐型交流传动机车进行了全面系统的阐述。读者可通过该丛书了解和谐型交流传动机车功率大、效率高的牵引特性，交流传动与微机网络控制特性，高黏着利用、防滑和防空转特性，空气制动和动力制动特性，由完善的故障诊断和合理的检修周期保证的可靠性，节能环保的经济性等。

该丛书技术性、专业性较强，对从事和谐型交流传动机车运用、检修、维护、技术管理人员掌握相关知识、提高业务能力均有所帮助，还可作为大专院校、科研院所及社会各界有关人员的技术参考书。

田红旗

2018 年 7 月

序

和谐型交流传动机车是当前中国铁路网内广泛应用的具有世界先进技术水平的铁路运输牵引动力装备，是中国铁路技术装备现代化的典型代表之一。和谐型交流传动机车是中国铁路总公司按照国务院《中长期铁路网规划》和《铁路主要技术政策》确定的铁路技术装备现代化的战略规划，坚持“自主创新与技术引进相结合”的基本原则，先是用了不到5年的时间，完成了我国铁路技术装备水平的快速提升，提高了运能与运力；后又经过自主设计、自主创新，形成了系列化具有自主知识产权的世界先进的铁路运输牵引动力装备。2018年，全路在用的和谐型交流传动机车已超过1万台，占全路机车保有量50%以上，和谐型交流传动机车完成的货运工作量占全路机车完成的货运总工作量近80%，成为铁路运输牵引动力的绝对主力，机车技术装备的现代化，已在运输生产中结出了丰硕的成果。

《和谐型交流传动机车技术丛书》对各型号机车的主要技术性能、结构特征、技术参数以及机车使用维护等方面进行了介绍。内容全面丰富，层次分明，条理清晰，技术性强，同时图文并茂、通俗易懂。《和谐型交流传动机车技术丛书》的出版，将为广大铁路相关技术、管理人员和社会各界提供适用的专业读本，也为相关技术业务培训提供了专业的参考材料。

2018年7月

前　言

随着国民经济快速增长，中国铁路机车技术装备水平实现了质的飞跃，铁路运输牵引动力实现了由直流传动向交流传动的更新换代，形成了较为完善的和谐型交流传动机车谱系。和谐型交流传动机车是中国铁路在落实国家铁路“十一五”发展规划和《中长期路网规划》以及国家发改委对铁路机车车辆装备现代化提出的“引进先进技术，联合设计生产，打造中国品牌”总体要求，通过引进消化吸收再创新，大胆实践、自主设计、自主创新和集成创新，形成的具有世界一流技术水平的牵引动力装备。

目前，中国铁路和谐型交流传动机车型谱中包括电力和内燃两种动力类型，涵盖不同功率等级，适用于干线客货运、小运转和调车、高原以及重载铁路运输要求，展现了中国铁路牵引动力装备的特色。

2018 年，和谐型交流传动机车保有量超过 1 万台，占全路机车总保有量 50% 以上；和谐型交流传动机车完成的货运工作量占全路机车完成的货运总工作量的 80%，成为全国铁路客货运输牵引动力的主力，使我国铁路运输能力获得了极大提升。

为满足广大铁路机车运用、检修、维护和技术管理人员，设计制造、大专院校、科研院所及社会各界的需求，中国铁路总公司机辆部组织成立了《和谐型交流传动机车技术丛书》编委会，中国铁路总公司机辆部主任申瑞源任主任，中国铁路总公司机辆部副主任张大勇、吴国栋、张启平、王春山，中国中车公司总工程师张新宁任副主任；张启安、王强、王立杰、黄成荣、李群锋、宁友波、李虎、杜志辉、王志、张黎、王光春、廖洪涛、曲天威、赵明元、仲怀清任委员，负责该技术丛书的组稿、编辑及审定工作；中车株洲电力机车有限公司、大连机车车辆有限公司、大同电力机车有限责任公司、戚墅堰机车有限公司等负责有关机型书稿的具体编写工作。

《和谐型交流传动机车技术丛书》对中国铁路各种型号的和谐型交流传动机车，从机车技术特性、结构特征以及技术参数等方面进行了全面系统的介绍，专业性和技术性强，学习和参考价值高。丛书是在长期从事铁路机车技术工作的工程技术人员和老一辈铁路机辆人多年工作成果的基础上完成的，在此向他们表示衷心的感谢。

《HXD_{3C} 型电力机车》是《和谐型交流传动机车技术丛书》系列之一。

HXD_{3C}型电力机车是中车大连机车有限公司按照先进、成熟、经济、适用、必须的原则和模块化、标准化、简统化、系列化的要求，在引进消化吸收国外先进技术的基础上进行自主创新和集成设计的成果。HXD_{3C}型电力机车是交流传动6轴干线电力机车，采用C_0-C_0轴式，持续功率7 200 kW，单轴功率1 200 kW，最高运行速度120 km/h，最大起动牵引力570 kN，最大再生制动力400 kN，能满足长距离区间、长大坡道、重载长大编组的货运列车运输需要。HXD_{3C}型电力机车自2010年起上线运行，截至2018年底，累计生产1 400多台，在干线列车牵引中发挥了重要作用。

《HXD_{3C}型电力机车》共计十二章，第一章“概述”介绍了机车的先进性设计和机车主要技术特点；第二章“机车总体”介绍了机车总体技术参数、机车性能以及设备布置；第三章“牵引电传动系统”介绍了牵引电路、牵引变压器、牵引变流器和牵引电机；第四章“高压电器”介绍了受电弓、主断路器、高压接地开关、高压隔离开关、高压电压互感器、高压电流互感器、接地电流互感器、避雷器和高压电缆总成；第五章“辅助电气系统”介绍了3AC 380 V电路、列车供电电路(仅客运)、辅助加热装置电路、控制电源电路、辅助变流器、电源柜、蓄电池柜、辅助机组、机车照明和辅助电器；第六章“通风、冷却系统”介绍了机车通风方式和过滤除尘装置；第七章“微机网络控制系统”介绍了机车网络系统结构、系统通信网络、网络控制系统硬件和机车控制电器；第八章“制动系统”介绍了风源系统、空气管路布置、制动机、辅助管路系统和基础制动装置；第九章“车体”介绍了主要结构参数及特点和牵引缓冲装置及变形吸能元件；第十章“转向架”介绍了技术参数、工作原理和构造说明；第十一章“车载安全监测设备”介绍了列车运行控制系统车载设备、6A系统和CMD系统；第十二章“机车使用与维护”介绍了机车操纵说明和机车的维护与检查。本书还分别对第三章至第十章相关系统的典型故障及其分析和处理方法进行了介绍。

希望丛书的出版能对从事和谐系列交流传动电力机车运用、检修、维护的专业人员和技术管理人员掌握相关专业技术知识、提高业务能力，以及机车设计制造、大专院校和科研院所、社会各界有关人员学习、授课有所帮助。

由于编者水平有限，难免有遗漏和错误之处，诚请读者批评指正。

《和谐型交流传动机车技术丛书》编委会

2018年12月10日

目　录

1 概　　述

HXD3C 型电力机车是由中车大连机车车辆有限公司研制的 120 km/h 速度等级六轴交流传动机车，机车采用 C_0-C_0 轴式，额定轮周牵引/再生制动功率为 7 200 kW，23 t 轴重时启动牵引力为 520 kN，25 t 轴重时启动牵引力为 570 kN，最高试验速度 132 km/h，最高运营速度 120 km/h。该机车可选装列车供电和双管供风装置，具有担当客运牵引功能。HXD3C 型电力机车如图 1.1 所示。

图 1.1　HXD3C 型电力机车

1.1　HXD3C 型电力机车先进性设计

HXD3C 型电力机车采用集成化、模块化设计，运用了 PWM 矢量控制技术，采用下悬式安装方式的一体化多绕组（全去耦）变压器，具有高阻抗、质量小等特点，并采用强迫导向油循环风冷技术。采用大功率异步牵引电机、大容量牵引变压器、单轴控制、IGBT 元件组成的水冷变流器、微机网络控制系统、轮盘制动、独立通风冷却等技术。

1.2　主要技术特点

(1)轴式为 C_0-C_0,电传动系统为交—直—交传动,采用 IGBT 水冷变流技术,1 250 kW 大转矩异步牵引电动机,具有启动/持续牵引力大、恒功率速度范围宽、黏着性能好、功率因数高等特点。

(2)辅助电气系统采用 2 组辅助变流器,针对负载的不同供电需求,能分别提供变压变频(VVVF)和恒压恒频(CVCF)模式的三相辅助电源,2 组辅助变流器互为冗余。

(3)采用微机网络控制系统,实现了逻辑控制、自诊断功能,而且实现了机车的网络重联功能。

(4)总体设计采用集成化、模块化的设计理念,机械间电气屏柜和各种辅助机组分功能斜对称布置在中间走廊的两侧;司机室结构设计和设备布置符合人机工程学要求和美学原理,有利于机车司机操控。

(5)采用带有中梁的、整体承载的框架式车体结构,有利于提高车体的强度和刚度。

(6)转向架采用滚动抱轴承半悬挂结构,二系采用高圆螺旋弹簧;采用整体轴箱、推挽式低位牵引杆等技术。

(7)采用下悬式安装的一体化多绕组(全去耦)变压器,变压器采用强迫导向油循环风冷技术,并具有高阻抗、质量小等特点。

(8)采用顶盖夹层进风,各系统独立通风冷却技术。司机室和机械间的换气采用微正压。

(9)采用了集成化气路的空气制动系统,具有自动制动、单独制动、紧急制动、停放制动和空电联合制动功能。基础制动采用轮盘制动方式。

(10)机车上配有卫生间、微波炉、冷藏箱等生活设施,适应国内重载干线长交路运用的需求。

2 机车总体

2.1 概 述

HXD_{3C} 型电力机车是在 HXD_3 型和 HXD_{3B} 型电力机车基础上研制的交流传动六轴干线电力机车，该机车通过更换增加供电绕组的主变压器，增加列车供电柜、供电插座、客货转换开关、双管供风装置等，使机车具有牵引旅客列车的功能，并可以向旅客列车提供风源及稳定的 DC 600 V 电源。机车满足在环境温度－40～＋40 ℃，海拔不超过 2 500 m 的条件下运行，能实现 3 组机车重联控制运行。机车总体结构如图 2.1 所示。

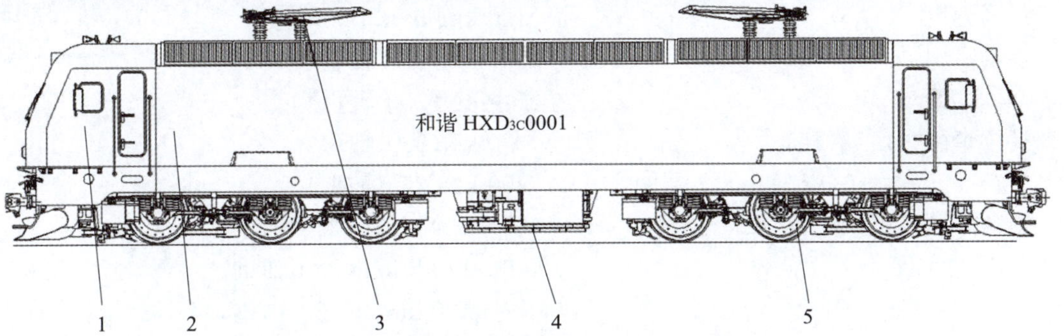

图 2.1 HXD_{3C} 型电力机车总体结构

1—司机室；2—机械间；3—车顶高压设备；4—牵引变压器；5—转向架

2.2 技术参数

2.2.1 使用环境条件

机车在下列使用环境条件下应能按机车额定功率正常工作。

海拔不超过	2 500 m
环境温度(遮阴处)	－40～＋40 ℃
月平均最大相对湿度	95％(该月月平均最低温度不低于 25 ℃)
环境条件	能承受风、雨、雪、盐雾、煤尘和偶有沙尘暴

2.2.2 机车主要技术参数

用途	货运
电流值	单相交流 25 kV/50 Hz

工作电压	
额定值	25 kV
最高值	31.3 kV
最低值	17.2 kV
轨距	1 435 mm
轴式	C_0-C_0
机车总重	$138\times(1^{+3\%}_{-1\%})$ t(23 t 轴重)
	$150\times(1^{+1\%}_{-3\%})$ t(25 t 轴重)
轴重	(23+2) t
电传动方式	交—直—交传动
持续功率	7 200 kW
持续制速度	70 km/h(23 t 轴重)
	62 km/h(23 t 轴重　客运)
	65 km/h(25 t 轴重)
最高速度	120 km/h
启动牵引力	520 kN(23 t 轴重)
	570 kN(25 t 轴重)
持续牵引力(半磨耗轮)	370 kN(23 t 轴重)
	400 kN(25 t 轴重)
恒功率速度范围	65～120 km/h(25 t 轴重)
	70～120 km/h(23 t 轴重)
	62～120 km/h(23 t 轴重　客运)
电制动方式	再生制动
电制动功率	7 200 kW(70～120 km/h)(23 t 轴重)
	7 200 kW(65～120 km/h)(25 t 轴重)
	6 400 kW(62～120 km/h)(23 t 轴重)
最大电制动力	370 kN(15～70 km/h)(23 t 轴重)
	400 kN(15～65 km/h)(25 t 轴重)
	370 kN(15～62 km/h)(23 t 轴重)
机车前、后车钩中心距	20 846 mm
车体底架长度	19 630 mm
车体宽度	3 100 mm
车体高度	4 100 mm(新轮)
机车全轴距	14 700 mm
转向架固定轴距	(2 250+2 000) mm
车轮直径	1 250 mm(新轮)
	1 200 mm(半磨耗)
	1 150 mm(全磨耗)

受电弓落下时，滑板顶面距轨面高度	≤4 770 mm
受电弓滑板距轨面的工作范围	5 200～6 500 mm
车钩中心线距轨面高度(新轮)	(880±10) mm
排障器距轨面高度	110^{+10}_{0} mm
机车单机以 120 km/h 速度于平直道上施行紧急空气制动时，最大制动距离	≤800 m(23 t 轴重) ≤900 m(25 t 轴重)
机车动力学性能	机车应能以 5 km/h 速度安全通过半径为125 m 的曲线，并应能在半径 250 m 的曲线上进行正常摘挂作业
机车动力学其他性能、参数	应符合 TB/T 2360—1993 的有关要求
功率因数	当机车发挥 10%及以上额定功率时)≥0.98
机车重联	机车通过列车控制总线，实现至少 3 台机车的电气重联控制
机车过分相控制	机车具有手动、半自动和自动通过分相区的功能
外用电源库内动车	机车两侧设有 DC 600 V 动车插座(客运)，AC 380 V 辅助供电插座(货运)

2.3 机车性能

2.3.1 牵引特性

23 t 轴重时，牵引特性曲线如图 2.2 所示。

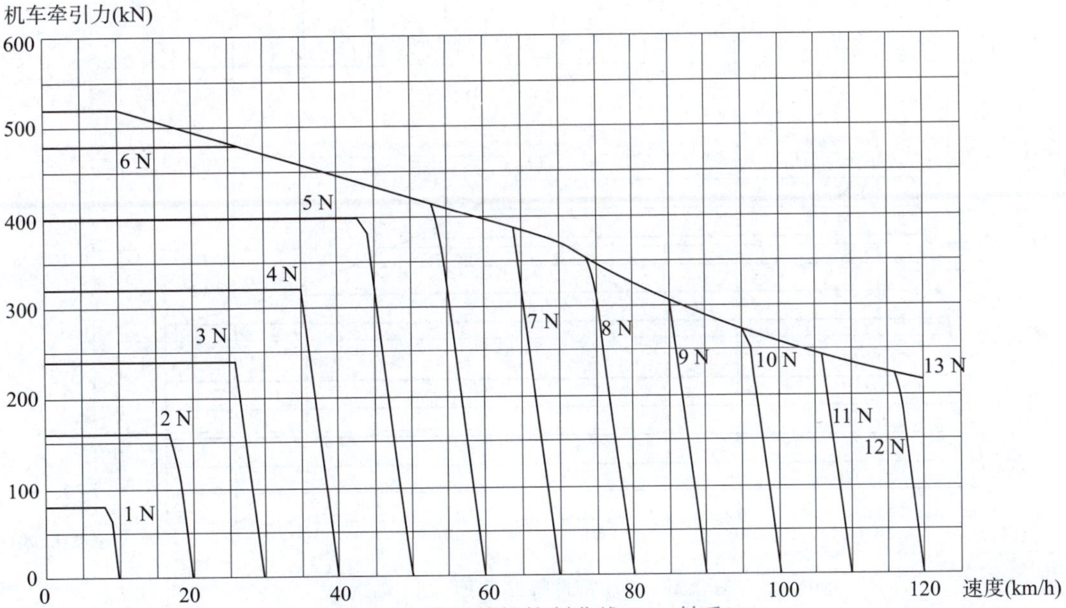

图 2.2 牵引特性控制曲线(23 t 轴重)

25 t 轴重时，牵引特性曲线如图 2.3 所示。

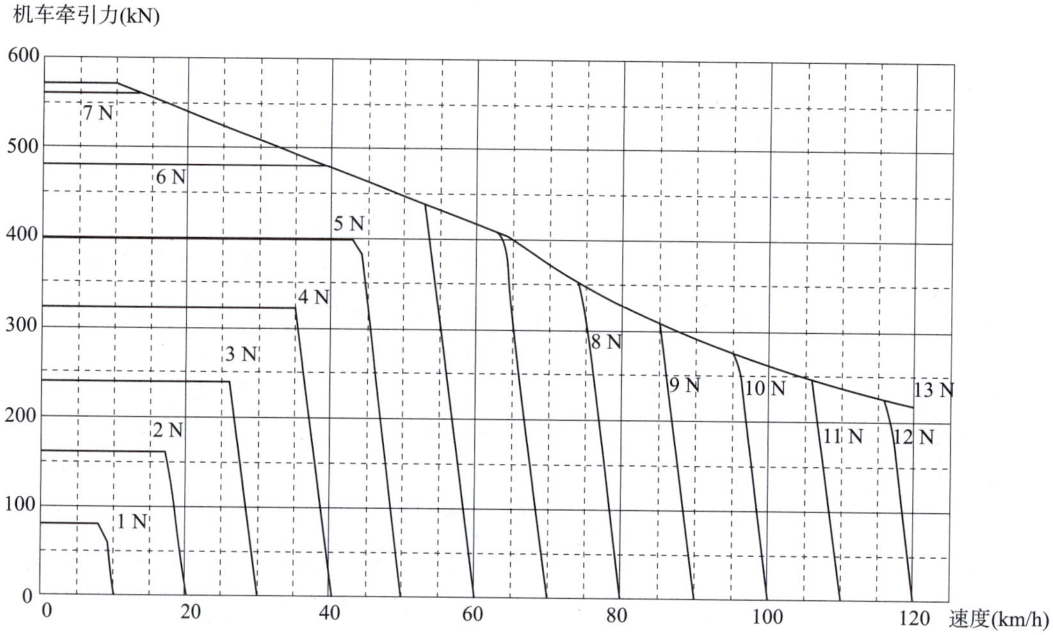

图 2.3　制动特性控制曲线(25 t 轴重)

2.3.2　机车制动特性

机车制动特性曲线如图 2.4(23 t 轴重)、图 2.5(25 t 轴重)所示。

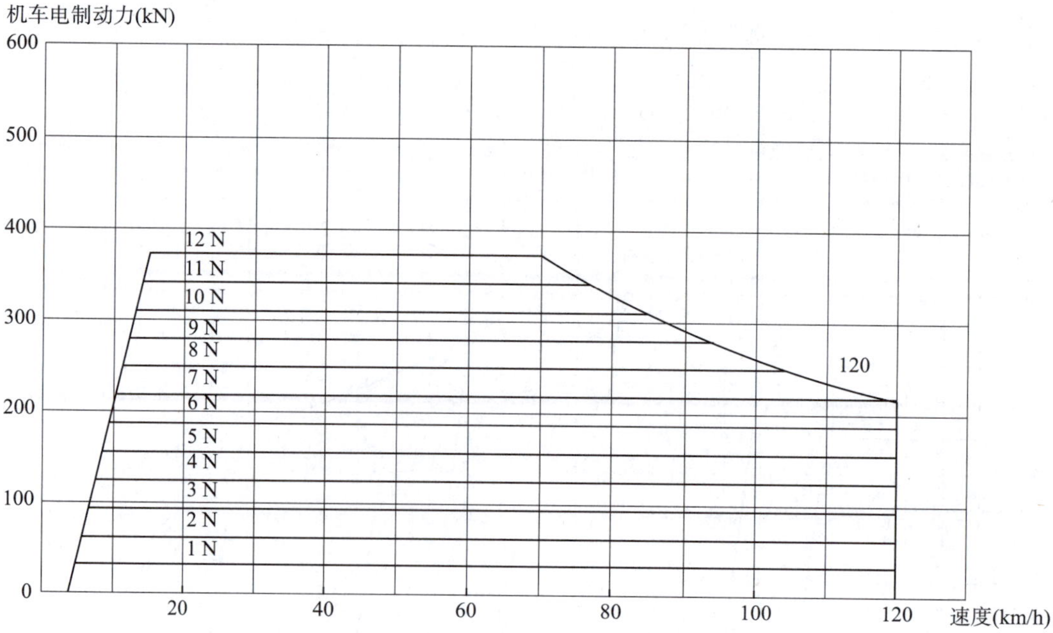

图 2.4　制动特性控制曲线(23 t 轴重)

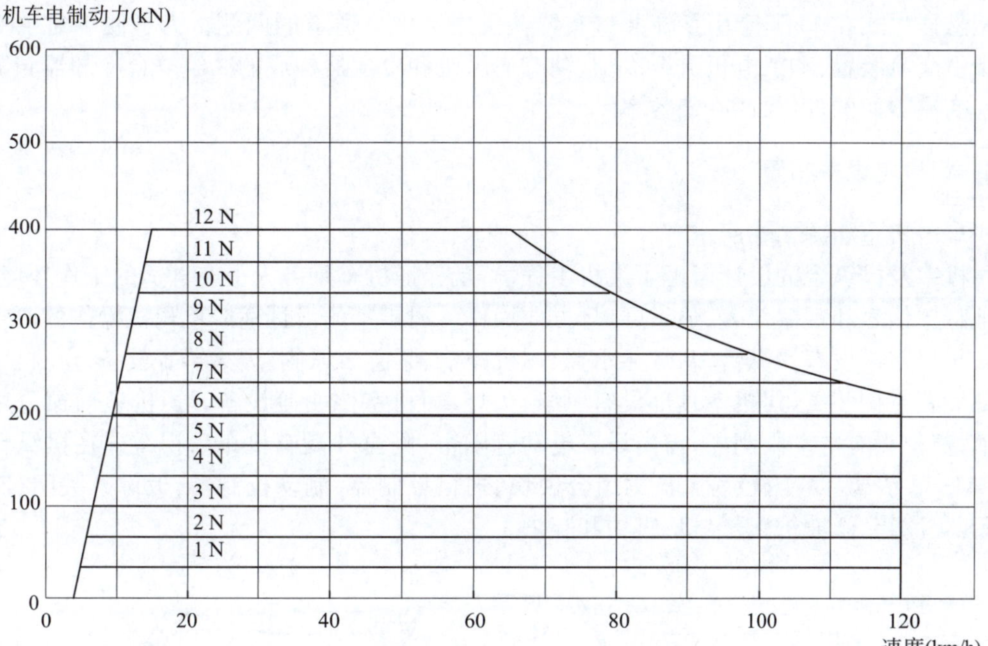

图 2.5　制动特性控制曲线(25 t 轴重)

2.4　设备布置

HXD3C 型电力机车的设备布置如图 2.6 所示。

在机车的两端各设有一个司机室,两个司机室的中间是机械室。在机械室内设有 600 mm 宽的中央通道,在通道左右两侧设有牵引变流装置、通风机、空气压缩机等设备。车下两台三轴转向架之间下悬式安装着主变压器,在顶盖上设有受电弓及避雷器。车内设备布置以平面斜对称布置为主,设备成套安装,有利于机车的重量分配和机车的组装和检修。

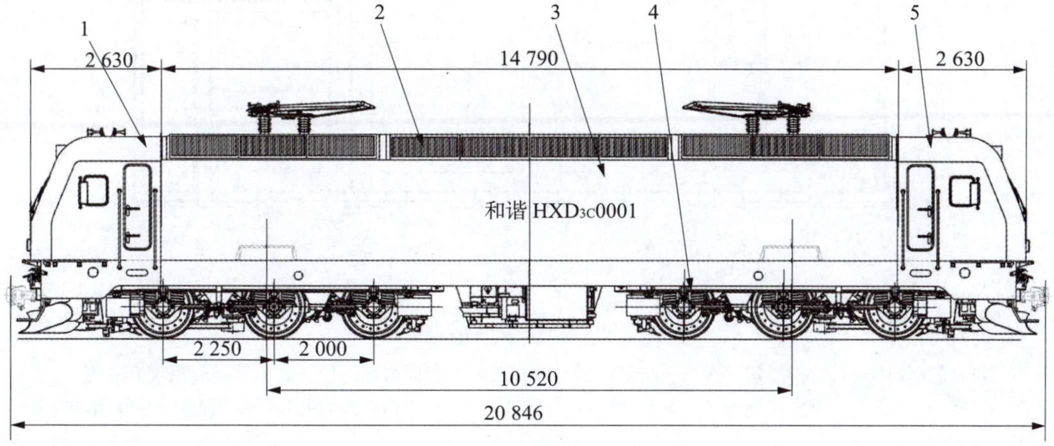

图 2.6　机车外形

1—Ⅰ端司机室;2—顶盖上装置;3—机械室;4—底板下装置;5—Ⅱ端司机室

将主驱动控制相关的主变压器和牵引变流装置布置在机车中央部位。质量较重的主变压器采用悬挂方式在车下，牵引变流装置布置在机械室中央通道的两侧。为了便于对主变压器以及牵引变流装置、牵引电机进行冷却，轴流通风机和冷却器构成的2组复合冷却器布置在紧邻牵引变流器两侧，以保证冷却效率。

2.4.1 司机室设备布置

机车司机室如图2.7所示。

司机室及操纵台的设计考虑了人机工程学，既保证机车乘务人员有舒适的工作环境，又能清楚地瞭望信号和观察仪表、显示屏，且方便操作。司机室的设计适应单司机操作的要求。

在司机室内设有操纵台、八灯显示器、司机座椅、紧急放风阀、灭火器等设备。司机室操纵台前部设有空调装置，司机室顶部设有风扇、头灯、司机室照明等设备。司机室前窗采用电加热玻璃，窗外设有电动雨刮器，窗内设有电动遮阳帘；侧窗外设有机车后视镜。在操纵台上设有TCMS显示器、LKJ显示器、压力组合模块、司机控制器、制动控制器、扳键开关组、制动装置显示器、冰箱/微波炉、暖风机、脚炉和膝炉。

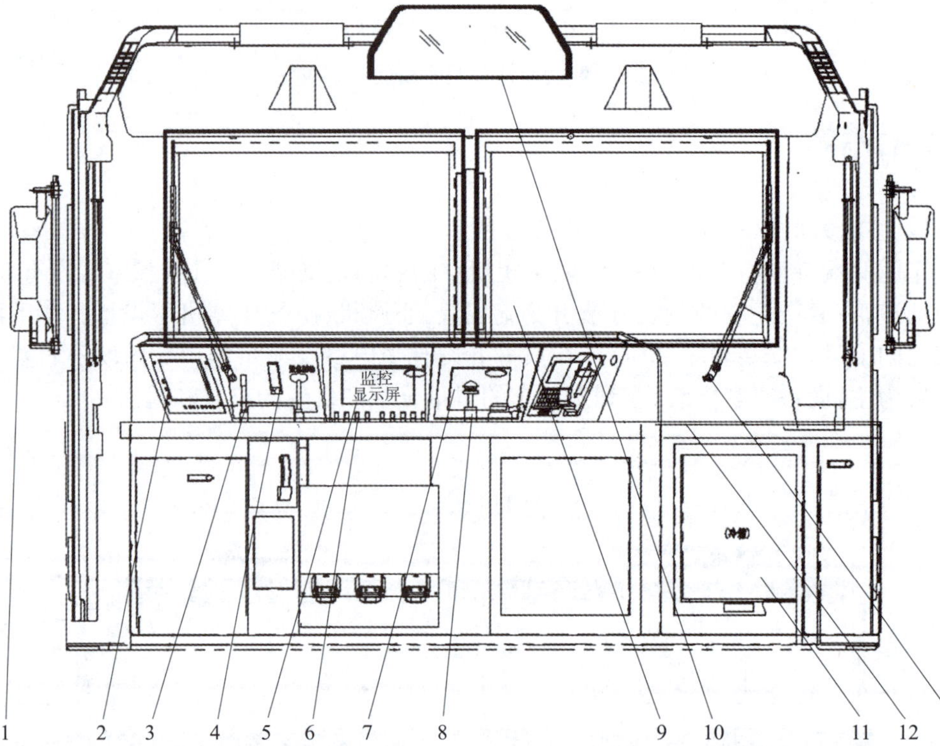

图2.7 司机室设备配置

1—后视镜；2—制动装置显示器；3—制动控制器；4—压力组合模块；5—LKJ显示器；6—扳键开关组；7—TCMS显示器；8—司机控制器；9—电加热玻璃；10—头灯；11—冰箱/微波炉；12—操纵台；13—电动雨刮器

2.4.2 机械室设备布置

机械室设备配置如图 2.8 所示。

机械室邻 1 端司机室侧，内部布置有牵引通风机、控制电源柜、蓄电池柜、滤波装置、微机柜（TCMS 柜）、控制电器柜、空压机、干燥器、高压电器柜、列车供电柜（客运）。

机械室邻 2 端司机室侧，内部布置有牵引通风机、卫生间、空压机、主风缸、辅助风缸、干燥器、制动屏柜、列车供电柜（客运）。

机械室中部斜对称布置有牵引变流装置、复合冷却器及通风机。

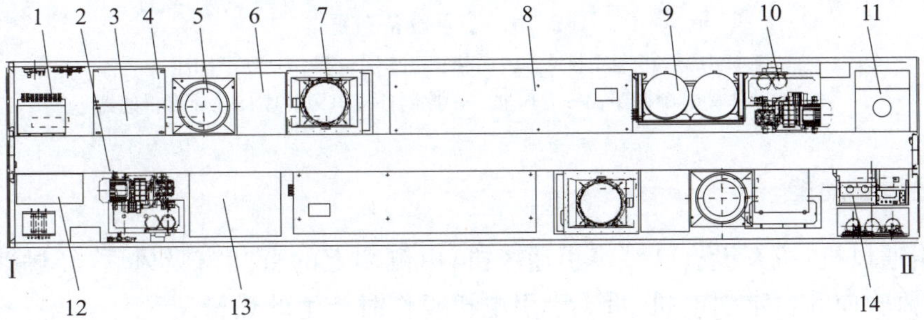

图 2.8 机械室设备配置

1—微机柜（TCMS 柜）；2—空压机；3—控制电源柜\蓄电池柜（上下配装结构）；4—滤波装置；5—牵引通风机；6—列车供电柜（客运）；7—复合冷却器及通风机；8—牵引变流装置；9—主风缸；10—干燥器；11—卫生间；12—控制电器柜；13—高压电器柜；14—制动屏柜

2.4.3 车顶设备

车顶设备配置如图 2.9 所示。车顶电气设备包括高压户外电气设备和通信天线等，中央顶盖上配置有检修升降口（天窗设置钥匙联锁装置），由此上车顶进行检修和维修作业。

高压电气设备包括：受电弓、避雷器、支撑绝缘子、高压绝缘护套。

车顶通信天线包括：CMD 天线、电台天线、监控系统天线。

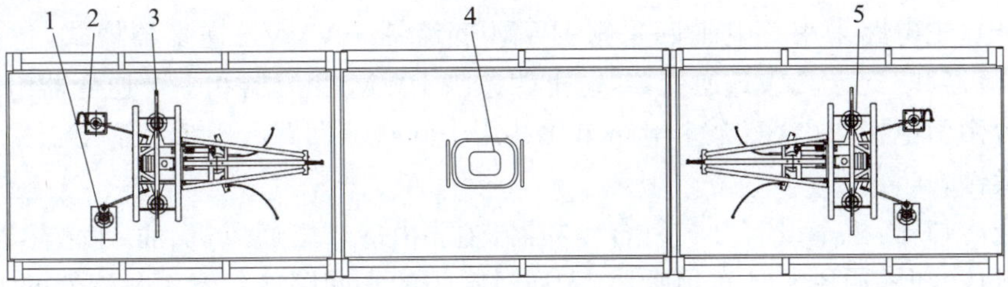

图 2.9 车顶设备布置

1—高压绝缘护套；2—避雷器；3—受电弓；4—检修升降口；5—支撑绝缘子

2.4.4 车下设备

车下设备如图 2.10 所示。车下设备包括转向架、变压器、车钩缓冲装置、端部管路连接器等。悬挂在机车中部的主变压器，以变压器为中心对称布置的 2 台转向架。在转向架上配置有牵引电机等设备。另外还配置了动车插座、辅助/控制电路外接电源插座、行灯插座、机车电子标签、速度传感器和轴温传感器等设备。

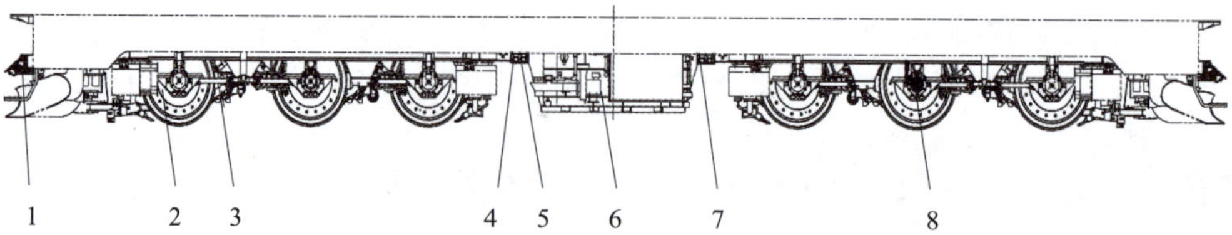

图 2.10 车下设备布置

1—端部管路连接器；2—转向架；3—牵引电机；4—动车插座；
5—辅助外接电源插座；6—变压器；7—控制外接电源插座；8—速度传感器

2.4.5 主要设备功能

(1)牵引通风机：机车设有 2 个牵引通风机，由侧墙上的百叶窗吸风后，经过独立的风道，然后将冷却风吹向 6 台牵引电机，带走牵引电机工作时产生的热量。

(2)主压缩机和干燥器：机车装用 2 个排量不小于 2.4 L/min 的空气缩机、2 个双塔式干燥器，为制动系统提供干燥的风源，设有 2 个风笛、轮喷、撒砂控制模块。

(3)第三方设备柜：主要安装了机车的信号主机、LKJ2000 监控系统、TAX2 箱、CIR 机车综合通信设备等，实时提供机车的标识、属性和位置信息，安全控制列车速度，采集记录与列车安全运行有关的各种机车运行状态信息，并与地面进行无线通信。

(4)卫生间：机车的机械间设有用于司乘人员盥洗的整体卫生间。该卫生间由车上卫生间和车底的管道组成。车上卫生间采用箱形结构，装有坐便器、洗手台、水箱、镜子、加热器、真空泵和污物箱等设备。车底的管道为其提供水路、气路的进出及污物的排放。卫生间底部的污物箱用于收集和存储污物，内部装有液位开关、温度传感器和加热器等设备。污物的排放可以利用地面转储车采用真空抽吸方式或直接重力排放来实现。

(5)牵引变流器柜：每台机车配置两台牵引变流器，变流器采用水冷 IGBT 模块，从牵引变压器次边取电，主电路采用二电平四象限 PWM 变流器＋VVVF 逆变器模式，包括三重四象限 PWM 变流器和三个 VVVF 逆变器，每重四象限 PWM 变流器和一个逆变器组成一组供电单元，为一台牵引电机供电，三个主电路单元共用中间直流回路。整流和逆变器采用相同的模块，具有互换性。

(6)复合冷却器：机车设有 2 个复合冷却器，主要由冷却塔通风机、油/水散热器、水泵等设备组成。通过冷却塔通风机从车顶吸风，先通过封闭的水回路冷却牵引变流器的水温，然后通过封闭的油回路冷却牵引变压器的油温。

(7)控制电器柜：控制电器柜前中部安装有断路器、转换开关、DC 110 V 插座等设备；柜体中间安装有接触器等；柜体下部安装有辅助回路的进线端子；左柜上部有安装数字式电度表；左柜的中部安装了库内动车转换装置；柜外右侧安装有控制回路连接器；右柜后部安装有继电器等。

(8)工具柜:主要用来存放随车的工具和随车附件。

(9)辅助变流器柜:辅助变流器从牵引变压器辅助绕组取电,通过整流和逆变,为机车辅助系统所有负载提供三相电源。并向机械间送风以保持机械间微正压。

(10)控制电源柜:控制电源柜是为机车提供稳定的DC 110 V直流控制电源的重要设备,同时也作为蓄电池充电器。由牵引变流柜内辅助变流器中间直流回路提供DC 750 V直流电源,经高频绝缘转换为DC 110 V。

(11)6A柜:柜内装有机车车载安全防护系统(6A系统)设备,包括电源、处理板卡、交换板卡、外部设备接口卡、CAN隔离板卡、电源状态监测卡、机箱等。实现机车空气制动安全监测、防火监控、车顶设备绝缘检测、走行部故障监测、视频监控及记录。

(12)蓄电池柜:蓄电池柜内布置有48节DM170铅酸蓄电池,在蓄电池充电机不工作的情况下为机车提供控制电源。

(13)微机柜:柜内装有机车微机控制系统(TCMS),具有对主变流器及异步电动机的实时控制、辅助变流器的实时控制、牵引/制动特性控制、传动系统的时序逻辑控制、故障保护等功能。

(14)空气管路柜:集成了空气制动机和空气管路系统相关部件以及MVB网络的相关连接端子,为机车空气制动系统的核心组成部件;其上还装有机车安全钥匙联锁。

(15)风源柜:机车采用两个容积均为800 L的风缸作为压缩空气的储存容器,两个风缸之间通过单向阀连接。

(16)列车供电柜:机车设有两台列车直供电柜,通过机车前后端部外接供电插座,为车辆提供DC 600 V供电电源。

3 牵引电传动系统

3.1 概　　述

HXD3C 型电力机车电传动系统按 AC 25 kV/50 Hz 牵引供电制式设计，牵引电传动系统采用交—直—交传动形式。该系统主要包括 1 台主变压器、2 台牵引变流器、6 台牵引电机及相应控制系统，实现了机车的轴控技术。采用再生制动，将机车机械能转换为电能反馈回电网，实现节能的目标。

机车采用牵引变流器、辅助逆变器集成供电模式，共用冷却系统、机械结构和电气部分，降低了变流设备的质量、体积，增强了系统的可靠性。

3.2 牵引电路

3.2.1 牵引电路结构

机车通过网侧回路的受电弓、主断路器等将网侧电源送至主变压器原边。牵引变压器次边 6 个独立的牵引绕组分别向 2 个牵引变流柜的 6 个四象限牵引变流器供电，6 个四象限牵引变流器独立向 6 台牵引电机供电，实现了机车的单轴独立控制。机车再生制动过程电能流向相反。2 个辅助变流器由主变压器辅助绕组供电，经滤波后，形成两组独立的辅助电源，分别向机车的辅助系统供电。牵引电路结构如图 3.1 所示。

3.2.2 网侧电路

HXD3C 型电力机车的网侧电路如图 3.2 所示。其主要功能是从网侧获取电能，属于 25 kV 等级高压电路。每台电力机车网侧电路由 2 台受电弓、2 台车顶高压隔离开关、1 台带接地开关的主断路器、1 台避雷器、1 台高压电压互感器、1 台原边电流互感器、牵引变压器的原边绕组、1 台回流电流互感器和 6 个轴端接地装置等组成，从功能上分可以分为网侧受流、网侧检测和网侧保护等。

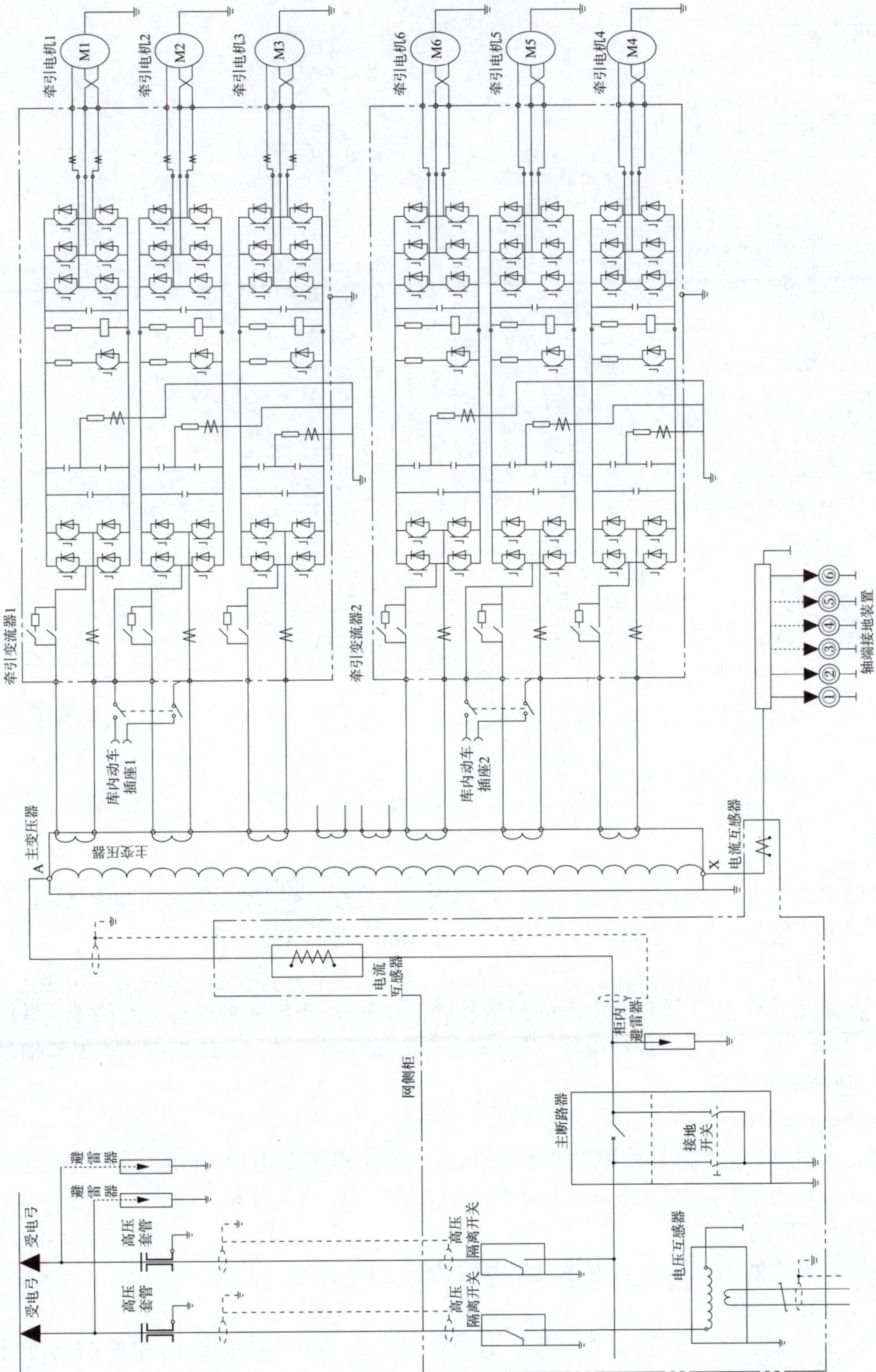

牵引电机1
牵引电机2
牵引电机3
牵引电机6
牵引电机5
牵引电机4
M1
M2
M3
M6
M5
M4
牵引变流器1
牵引变流器2
库内动车插座1
库内动车插座2
主变压器
A
X
电流互感器
轴端接地装置
①
②
③
④
⑤
⑥
电流互感器
网侧柜
主断路器
接地开关
电压互感器
高压隔离开关
高压隔离开关
高压套管
高压套管
避雷器
避雷器
受电弓
受电弓

图 3.1 牵引电路原理

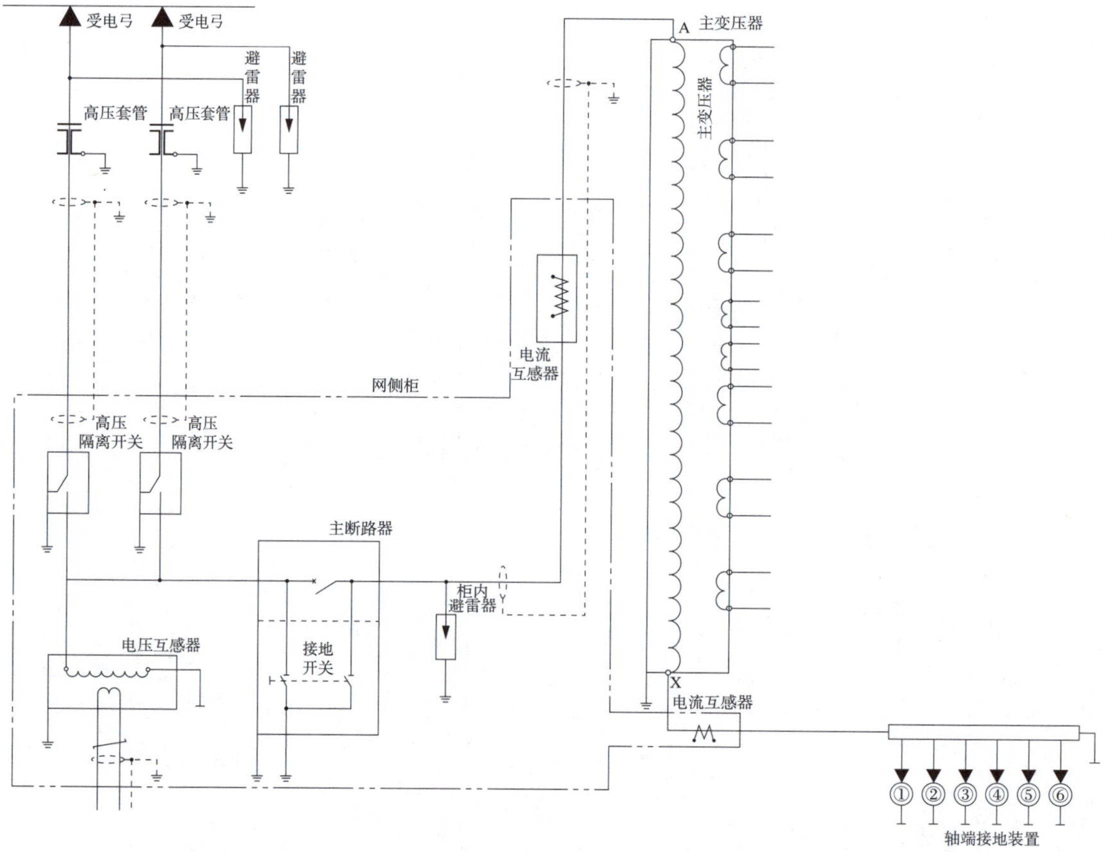

图 3.2　网侧电路

3.2.2.1　网侧受流电路

接触网电流通过受电弓，经高压隔离开关、主断路器、牵引变压器原边绕组给机车供电，再由牵引变压器原边低压端子经轴端接地装置、轮对、钢轨，返回变电所。

3.2.2.2　网侧检测

高压电流互感器 TA1 是原边电流的测量装置，为原边的过流保护提供电流信号。低压电流互感器 TA2 为电度表提供原边电流信号，同时也为机车微机控制系统提供原边电流信号。

3.2.2.3　网侧保护电路

(1)网侧过流保护

采集高压原边电流互感器的原边电流信号，送入原边电流继电器，在电流超过整定值时，原边电流继电器动作并向 TCMS 输出保护信号，以进行主断路器分断保护。

(2)网侧过压保护

网侧设有避雷器，主要用于抑制主电路中的操作过电压和雷击过电压。

(3)网压监测保护

通过高压电压互感器的检测，在网压＜16 kV 或＞31.5 kV 的情况下，主断路器进行分断，保护主电路相关设备的正常工作。

除网侧保护外，主电路的其他部分、辅助电路等出现故障需要保护时，也可以通过分主断器来实现。网侧电路中的接地开关也是保护器件。接地开关用于在需要登顶或接近其他高压区域时使网侧电路接地，以保证操作人员的安全。

3.2.3　网侧四象限变流器

四象限变流器在牵引工况下进行交—直变换，为中间直流回路提供电能；在再生制动工况时，四象限变流器进行直—交变换，将电能回馈给电网。

如图 3.1 所示，牵引电路中有 2 套独立的变流器。在每台牵引变流器中，由 3 个预充电电阻和 3 个短接接触器把 3 个四象限变流器和牵引变压器的 3 个次边牵引绕组连接起来，3 个四象限变流器将交流电变换成直流电。四象限变流电路控制中间直流回路的电压保持稳定，并使变压器次边的功率因数接近于 1。

3.2.4　中间直流电路

中间直流回路为保证电压稳定性，并联了大容量的支撑电容，同时它还对四象限变流器和逆变器产生的高次谐波进行滤波。中间直流电路主要由中间电压支撑电容、瞬时过电压限制电路和主接地保护电路组成。

3.2.5　逆变电路

逆变电路根据机车运行要求，将中间直流电压变换为所需要的频率和幅值的三相交流电压。每个牵引变流器柜的 3 个牵引逆变器分别向同一台转向架上的 3 台牵引电机供电。

3.2.6　牵引变流器及牵引电机保护

牵引变流器及牵引电机保护包括：主变压器牵引绕组过流保护、主回路接地保护、牵引电机过流保护、原边过电压保护、瞬时过电压保护、牵引变流器的检修安全连锁保护等。

3.2.7　库内动车电路

库内电源通过单相插座送到二、五位牵引电动机的牵引变流器环节，进行库内动车作业。机车共设置 2 个主电路入库插座和 2 个主电路入库转换开关，方便库内动车需要。当需要库内动车时，接入库内动车电源引线，转换相应主电路入库转换开关，再闭合地面电源，通过操纵司机控制器机车便可以向前、后移动。

3.3　主变压器

HXD_{3C} 型交流传动货运电力机车采用 JQFP2-9000/25(DL)型主变压器，客运电力机车采用 JQFP-10160/25 型主变压器，将 25 kV 的接触网电压变换为电力机车所需的各种低电压，以满足电力机车各种电机电器工作的需要。主变压器是采用下悬式安装方式的一体化多绕组(全退耦)全密封结构，冷却方式采用强迫导向油循环风冷。

3.3.1 主要技术参数

型号	JQFP2-9000/25(DL)型	JQFP-10160/25 型
额定容量		
高压绕组	9 006 kV·A	9 233 kV·A
牵引绕组	6×1 400 kV·A	6×1 244.5 kV·A
辅助绕组	2×303 kV·A	2×303 kV·A
供电绕组	—	2×580 kV·A
额定电压		
高压绕组	25 000 V	25 000 V
牵引绕组	1 450 V	1 450 V
辅助绕组	399 V	401 V
供电绕组	—	860 V
额定电流		
高压绕组	360 A	369 A
牵引绕组	966 A	858 A
辅助绕组	759 A	756 A
供电绕组	—	675 A
空载电流	0.16%	0.16%
空载损耗	2.6 kW	2.9 kW
总损耗(85 ℃)	224 kW	255 kW
频率	50 Hz	50 Hz
冷却方式	强迫油循环风冷 ODAF	强迫油循环风冷 ODAF
油流量	48 m^3/h	48 m^3/h
绝缘等级	A 级	A 级
总质量	13 800 kg	13 800 kg

3.3.2 电气原理

变压器是依据电磁感应原理将一种电压的交流电能变成同频率的另一种或多种电压的交流电能制成的静止感应电器，电气原理如图 3.3 所示。

3.3.3 外形及结构

主变压器主要由铁心和线圈组成，器身采用同心式结构，线圈布置采用层式，主变压器的设计以满足机车总体对几何尺寸和绕组短路阻抗电压等要求为目标，合理选择铁心磁通密度、绕组电流密度、主空道尺寸等参数，进行电磁计算及结构设计。合理选择油泵、散热器和风机及其他附件。主变压器外形如图 3.4(a)、图 3.4(b)所示。

3.3.3.1 铁　芯

主变压器铁芯为拉螺杆芯式结构，主要组成部分是硅钢片、上夹件、下夹件、拉螺杆等。芯

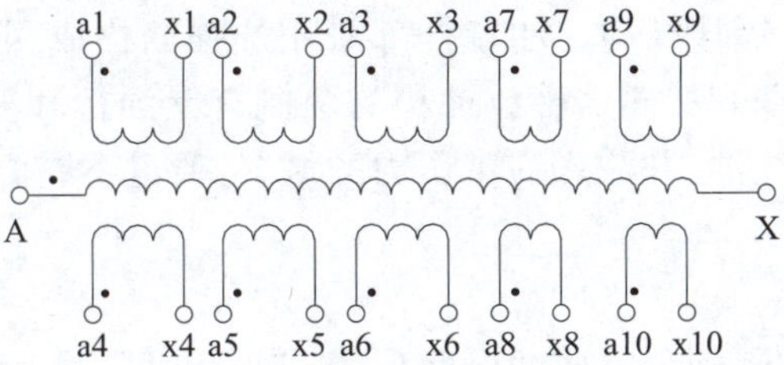

图 3.3　主变压器电气原理

AX—高压线圈；a1x1～a6x6—牵引线圈；a7x7、a8x8—辅助线圈；
a9x9、a10x10—供电线圈(客运)

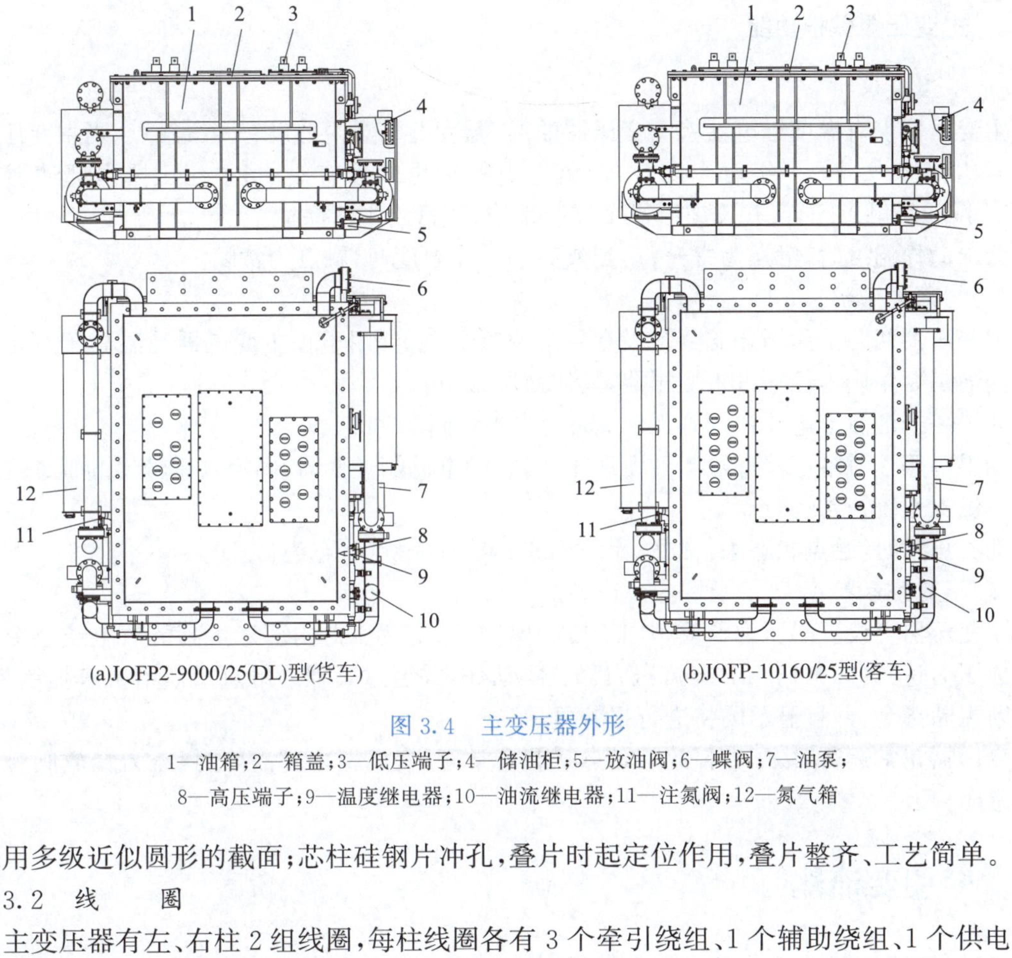

图 3.4　主变压器外形

1—油箱；2—箱盖；3—低压端子；4—储油柜；5—放油阀；6—蝶阀；7—油泵；
8—高压端子；9—温度继电器；10—油流继电器；11—注氮阀；12—氮气箱

柱采用多级近似圆形的截面；芯柱硅钢片冲孔，叠片时起定位作用，叠片整齐、工艺简单。

3.3.3.2　线　　圈

主变压器有左、右柱 2 组线圈，每柱线圈各有 3 个牵引绕组、1 个辅助绕组、1 个供电绕组(客车)以及和其相对应的高压绕组。

为了满足高阻抗的要求，线圈采用全分裂结构。高压绕组相互并联；各低压绕组之间互不相连，相互退耦。主变压器线圈采用层式结构，绕制较为方便。绕组导线外包绝缘均采用 Nomex 纸，提高变压器使用寿命，增加线圈机械强度。

3.3.3.3 油　　箱

采用耐候钢板 Q345E 焊接结构。油箱外部采用加强筋构成网状结构。安装座位置焊有补强板及加强筋。油箱内壁焊接磁屏蔽。油箱的两侧有储油柜和氮气膨胀箱,二者通过管路连接。主变压器采用真空注油,并注入一定压力的氮气,通过不同温度下的氮气体积变化来调节储油柜中的油位。

3.3.3.4 冷却系统

变压器有两个油路,被隔板分隔成两个区,一端为进油区,另一端为出油区。进油区有管路连接,保持两端油压平衡。出油部热油被潜油泵抽出,经蝶阀,油流继电器,被油散热器冷却后经油管和蝶阀由油箱进油侧进入线圈,通过挡油圈、撑条、垫块、围屏导向在线圈内部流动,由线圈排油侧流出。

3.3.4 主变压器保护功能

3.3.4.1 温度保护

主变压器设有温度继电器检测变压器油温,温度继电器内部设有两级触点,当主变压器内部油温达到 30 ℃时,一级触点闭合,油流继电器输出信号有效;当主变压器内部油温达到 100 ℃时,二级触点闭合,并反馈给机车控制系统,执行断主断保护。

低于动作温度时,触点为常开;达到或高于动作温度时,触点为常闭。

3.3.4.2 油流保护

主变压器两路油路循环支路各设有一个油流继电器,用于在主变压器油温高于规定值时来监测油是否正确地循环进入变压器,具体情况如下:

如果一个油流继电器检测到无油循环,则功率下降 50%。

如果两路油流继电器都检测到无油循环,封锁电机侧逆变器,固定频率输出的辅助逆变器及列车供电系统正常运行。

油流正常时,触点状态为:常开;无油流或异常时,触点状态为:常闭。

3.3.4.3 压力保护

主变压器上设置了压力释放阀用于压力保护,当主变压器内部发生高能放电或过流等故障造成压力达到(95±15) kPa 时,压力释放阀动作,并通过其辅助触点反馈给机车控制系统,执行断主断指令,并且显示屏将进行报警显示。

变压器正常运行时,压力释放阀触点状态为常开;变压器内部故障时,压力释放阀触点状态为常闭。

3.4 牵引变流器

变流装置用于直流和交流之间电能的变换,并对牵引电机起控制和调节作用,从而控制机车的运行。

每台机车装有两台变流装置,每台变流装置内含三组牵引变流器和一组辅助变流器。牵引变流器(CI)为牵引电动机提供三相交流的变压变频(VVVF)电源。每组牵引变流器主要由四象限变流器、中间直流电路和 PWM 逆变单元、真空接触器等主电路部分和无接触点控制单元等的控制电路部分构成。根据车辆的速度，通过矢量控制，精确快速地控制牵引电机的转矩和转速。

3.4.1 主要技术参数

牵引变流器每组容量	1 400 kV·A
额定输入电压	单相交流 1 450 V/50 Hz
额定输入电流	966 A
中间电压	直流 2 800 V
额定输出电压	三相交流 2 150 V
额定输出电流	390 A
最大输出电流	520 A
输出频率	0～120 Hz
效率	≥98%
控制电压	直流 110 V
冷却模式	水冷
质量	3 650 kg

3.4.2 基本原理介绍

牵引变流器原理如图 3.5 所示。

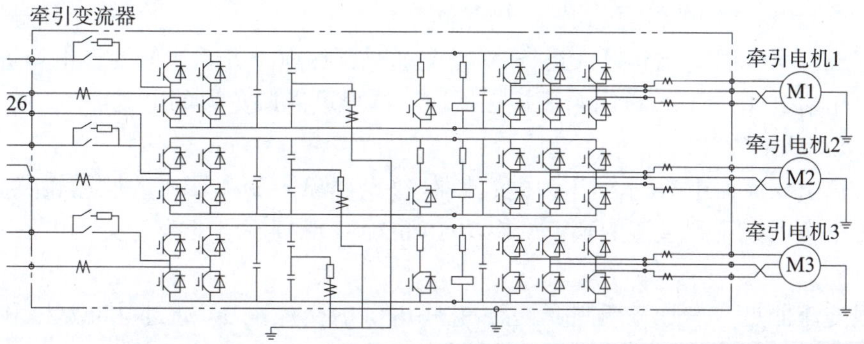

图 3.5 变流器原理

25 kV/50 Hz 交流接触网与牵引变流器的能量传输通过牵引变压器间接完成。牵引变流器柜中的四象限变流器通过预充电单元和短接接触器与牵引变压器的次边绕组连接。牵引变流器工作时，将牵引变压器次边绕组单相交流电转变为恒定的直流电供给中间直流回路。中间直流回路中包含有中间支撑电容、二次谐振电路、接地检测电路，通过脉宽调制 VVVF 逆变器将中间直流回路中的电能被转换为频率、电压可调的三相交流电，提供给三相异步牵引电动机。

3.4.3 结构简介

3.4.3.1 短接接触器和预充电回路

如图 3.6 所示，在牵引变压器每个次边绕组和四象限变流器单相输入之间，都设置了一个短接接触器。

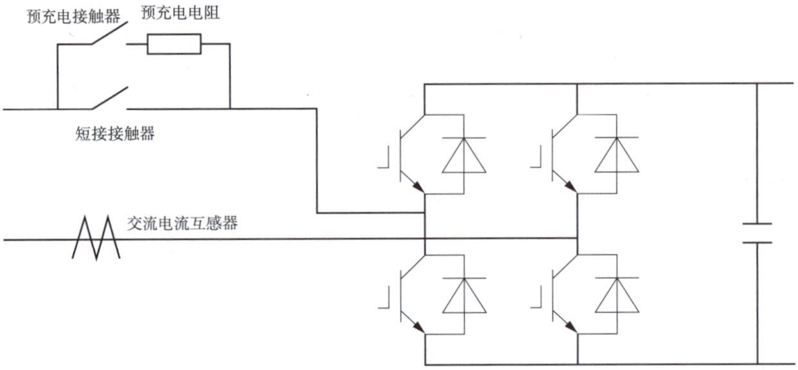

图 3.6 四象限变流器的输入电路

短接接触器用于控制牵引变流器与牵引变压器的通断。如果牵引变流器出现故障，就可以通过分断短接接触器将故障牵引变流器隔离，而与变压器相连的其他变流器单元就不会受到影响。只有在无电流的状态下，该短接接触器才可以断开。

预充电单元以并联方式连接到短接接触器上。预充电单元由一个预充电接触器和一个预充电电阻组成。当牵引变流器投入运行时，首先通过预充电单元对中间支撑电容进行充电，当中间直流电压达 2 200 V 后，再闭合短接接触器。这样可以避免大的电流冲击。

3.4.3.2 四象限变流器

在每台牵引变流器中有三个四象限变流器，每个四象限变流器由并联的桥臂组成。四象限变流器可以实现交流到直流的整流变换功能，也能实现直流电变换为交流电回馈电网的逆变功能。

四象限变流器是一个脉宽调制变流器，它将电源的交流电压，通过脉冲宽度和相位控制，控制中间直流电压的幅值和流入牵引变流器的交流电流波形和相位，使交流电流的波形尽量接近正弦，同时使得交流侧的基波电压和基波电流的相位差接近于 0，这样既限制了谐波电流分量，又提高了机车功率因数。通过对电压和电流间相位角的控制，能实现变流器在全部四个象限内工作。四象限变流器可以完成四个任务，一是实现从网侧到直流侧或直流侧到网侧的功率传递；二是稳定中间直流回路电压；三是优化机车功率因数；四是降低网侧电源失真。

四象限变流器如图 3.7 所示。主要技术参数如下：

额定输入电压	1 450 V
额定输入频率	50 Hz
IGBT 元件	
额定电压	4 500 V（集电极—发射极间电压）

额定电流	900 A(集电极的有效值电流)
最大电流	1 800 A(最大电流)
使用温度	−40～125 ℃

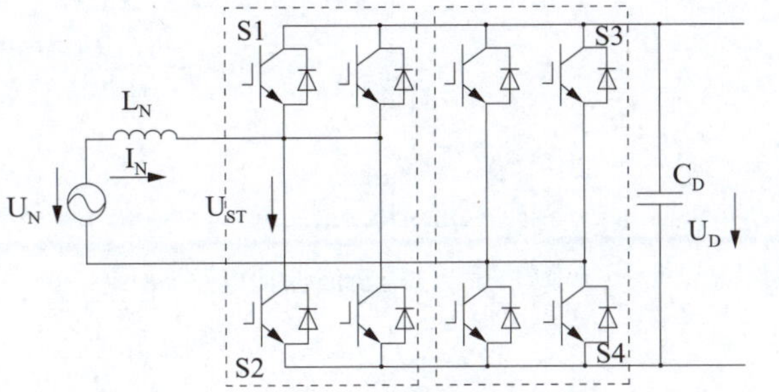

图 3.7　四象限变流器

3.4.3.3　中间直流电路

中间支撑电容作为储能器件，如图 3.8 所示，起缓冲和平滑中间直流回路电压的作用。为了保证四象限变流器、电机侧牵引逆变器及辅助逆变器之间实现瞬时功率平衡，必须设置储能电容。储能电容还用于向牵引电动机提供基波无功功率和高次谐波通路。

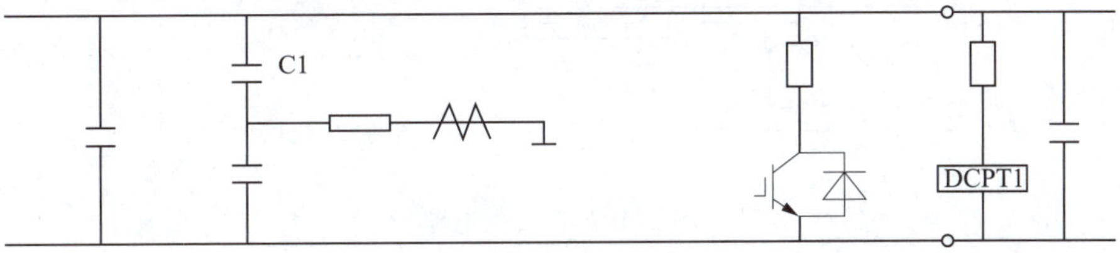

图 3.8　中间直流回路

3.4.3.4　固定放电电阻器及接地检测电阻

阻值电阻器并联在变流器的中间直流回路，这些电阻器用于变流器非正常关闭后电容的放电。每组主电路单元单独配置固定放电电阻，并联接在直流支撑回路电容，变流器停机后，如果斩波快速放电回路有故障不能泄放中间直流电能，则固定放电电阻可在一定时间内将中间直流回路电能(支撑电容电压)放至安全电压以下。

接地故障检测电路由跨接在中间直流电路的两个串联分压电容，中点与地之间串联一个接地电阻和电流互感器，采用低阻电流监测方式。当接地电流达到保护限值时，接地检测保护环节动作，牵引变流器门极封锁，工作接触器断开，主断路器(HVB)断开，故障变流器被隔离。

3.4.3.5　过压斩波保护电路

过压斩波保护电路如图 3.9 所示，过压斩波电阻由逆变模块内的一个 IGBT 功率元件控制电阻的投切，斩波保护电路用于中间直流过压、短路保护及停机后的快速放电，当中间直流电压过高时，开通斩波电路，将能量通过电阻以热能的方式消耗，抑制过电压。当出现贯穿短路时，主断路器分断网侧电路，并触发斩波管导通，吸收短路回路释放的能量。

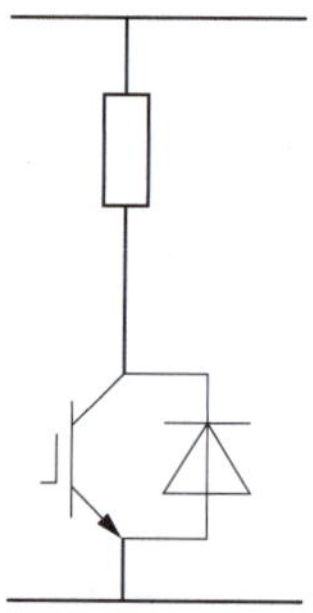

图 3.9　过压斩波保护电路

3.4.3.6　逆　变　器

逆变电路是由 U、V、W 三相逆变单元构成，如图 3.10 所示。将 PWM 整流单元输出的直流电转换为交流电来驱动牵引电机。通过改变逆变电路的输出电压和输出频率来控制牵引电机的转矩和转速。由于机车六根动轴的轮径差、轴重转移及空转等可能引起负载分配不均匀，可以通过牵引变流器的控制进行适当的补偿，以实现最大限度地发挥机车牵引力。

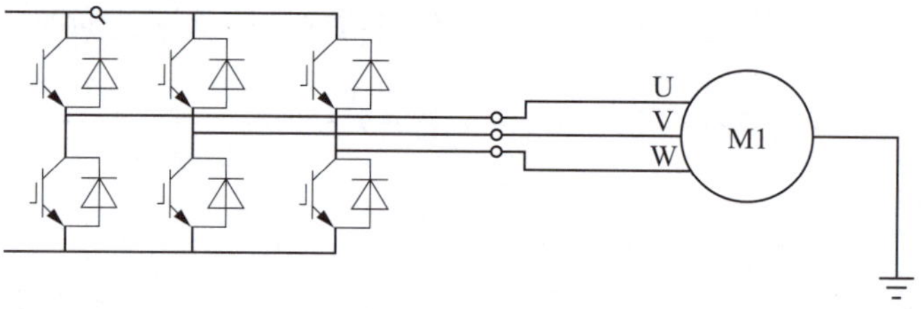

图 3.10　逆变器电路

3.5　牵引电机

牵引电机是机车进行机械能和电能相互转换的重要部件。它安装在机车转向架上，通过传动装置与轮对相连。机车在牵引状态时，牵引电机将电能转换成机械能，驱动机车运行。当机车在电气制动状态时，牵引电机将列车的机械能转化为电能，产生列车的制动力。

3.5.1　基本原理介绍

机车牵引电机主要运行原理：在电动状态时，定子通上三相交流电后，在气隙中产生旋转磁场，该磁场切割转子导条后在转子导条中产生感应电势、由于导条与端环形成闭合的鼠笼使该电势形成电流，带电的转子导条处于气隙旋转磁场中就会产生电动力，使转子朝定子旋转磁场的同一方向旋转。由于转子导条中的电流是因转子导条切割气隙磁场感应产生的，所以转子转速只能低于气隙旋转磁场的转速，永远不可能与其同步，否则转子导条与气隙磁场同步旋转，转子导条不再切割磁场产生感应电流和产生电动力，转子也不可能旋转，所以称按这种原理运行的电机为异步电动机。

每台 HXD3C 型电力机车由六台该电机驱动，该电机具有功率大、扭矩大、体积小、质量轻等特点。

3.5.2 技术参数

机车采用的异步牵引电动机型号为 YJ85A1/SEA-107C。如无特殊说明，与轮径有关的技术参数是基于半磨耗轮考虑的。

主要技术参数：

电机电压范围	0～2 150 V
中间直流回路电压	2 800 V
定额功率	1 250 kW
额定电压	2 150 V
额定电流	390 A
额定频率	46 Hz
额定转速	1 365 r/min
额定效率	95％
额定功率因数	0.91
额定转矩	8 745 N·m
最大转速(全磨耗)	2 662 r/min
启动转矩	不小于 11 852 N·m
冷却方式	强迫通风空气冷却
绝缘等级	200 级
极数	4 极
悬挂方式	抱轴式
质量	2 600 kg

3.5.3 结构简介

YJ85A1/SEA 107C 型异步牵引电机的结构如图 3.11 所示。主要由定子、转子、端盖、轴承、测速装置等部分组成。定子的作用是产生旋转磁场并从机械上支撑整个电机，它的主要零部件有定子铁芯、定子绕组等。转子是用来产生感应电势和电磁转矩以实现能量转换的主要部件，它由转子铁芯、导条、端环和转轴等组成。端盖用于支撑转子和实现电机内部与外部的隔离，方便电机转子的安装。轴承是连接静止的定子和旋转的转子的部件，使得转子旋转时摩擦阻力变小，实现电机定子和转子稳定的、转动灵活的机械连接。测速装置用于测量电机转子转速，将转速信号传送给控制系统，是实现异步牵引电机转速调节的重要环节。

3.5.3.1 定　　子

定子由定子铁芯、定子绕组等零部件组成。

定子无传统的框架式机座，直接用硅钢片叠压而成；采用开口式槽型，槽内垫有槽绝缘，绕组为双层硬绕组，绕组内部接成 Y 形；三相引出线采用机车专用电缆，电机设有接地线，接地线也采用机车专用电缆；针对变频电机需在较高频率下运行的特点，为减少集肤效应绕组采用导线二根并绕；为了得到足够的机械强度、良好的电气性能与优良的热稳定性，定子绕组用端箍固定；定子整体经过真空压力浸漆（VPI），绝缘耐热等级为 200 级。

定子槽内布置如图 3.12 所示。

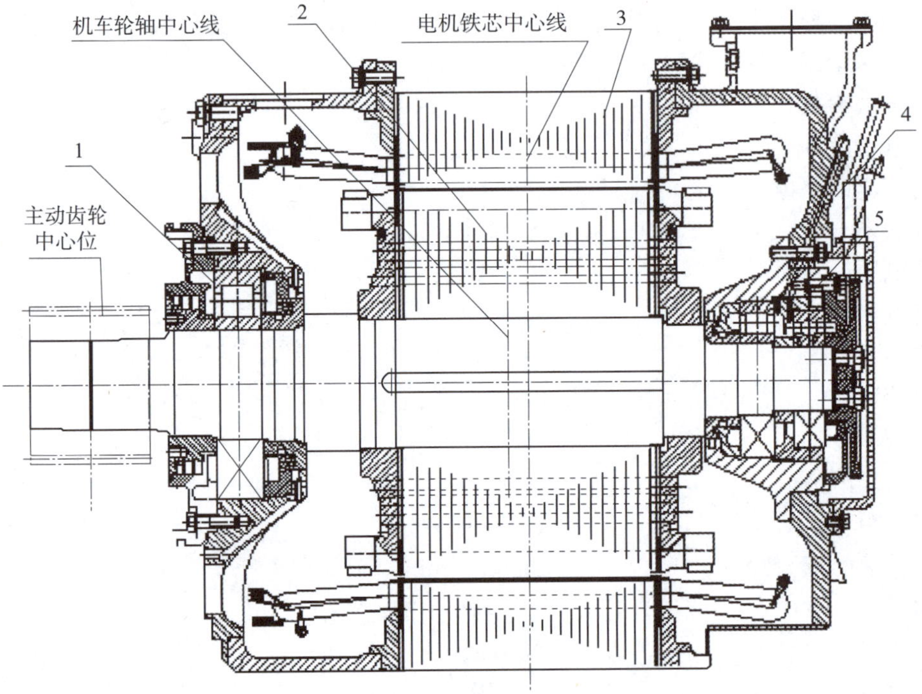

图 3.11　电机结构

1—传动端轴承装配；2—转子；3—定子；4—测速装置；5—非传动端轴承装配

接线盒位于定子铁芯斜上方，电机的三相引出线从内部直接焊接后由接线盒主体引出。接线盒由钢板焊接经加工而成，运行中尺寸稳定性好，不易变形；三相引出线在内部焊接、在固定卡子上绑扎固定经出线盒引出，引出后再在一个固定卡子上绑扎固定，出线盒与电缆线的空隙处用硅橡胶密封，具有良好的电气和机械性能。

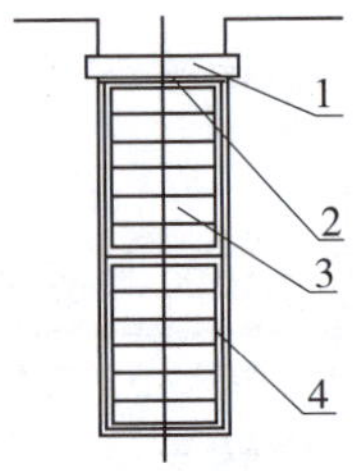

图 3.12　定子槽内布置

1—槽楔；2—楔下垫条；3—导体；4—槽绝缘

3.5.3.2　转　　子

转子主要由导条、端环、压圈、铁芯和转轴等部件组成，其结构如图 3.13 所示。

转子采用铜条鼠笼结构，特别适用于逆变器供电工况。为获得更大的额定功率和减少损耗，转子铁芯进行了优化设计，采用宽而浅矩形的导条，克服集肤效应，减小损耗，增大最大转矩，以获得宽的恒功运行区，转子槽形设计合理，槽漏抗大，谐波漏抗也大，总漏抗大，有效地抑制了谐波电流，降低谐波损耗。

转子铁芯由转子冲片和两端压圈预叠压后，热套至转轴上。转子冲片采用与定子冲片相同的材料。

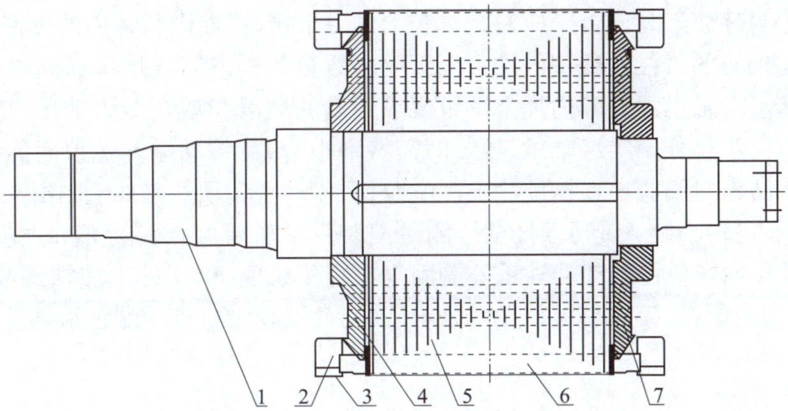

图 3.13　转子结构

1—转轴；2—端环；3—护环；4—传动端压圈；5—铁芯；6—导条；7—非传动端压圈

由于本电机转速高且启动较频繁，因此转轴必须满足强度、刚度以及疲劳等方面的要求。在转轴强度上本电机必须能传递不小于 11 852 N·m 的最大转矩，另外，在变流器短路（换流失败）时，在轴上会产生一个 52 511 N·m 的短路冲击转矩，转轴必须能承受这种力，为此转轴采用了高强度合金钢。同时为防止定转子相擦以及电机振动，转轴的刚度满足了此要求。

转轴采用锻造的优质合金钢材料，具有高的机械强度、抗疲劳性能和耐冲击性能。转轴力学性能：抗拉强度≥882 MPa，屈服强度≥735 MPa，延伸率≥16％，面收缩率≥45％，冲击功≥47 J。

为了降低转子发热，导条采用低电阻率且低电阻温度系数的特种铜，该种铜材在温度低时电阻率比无氧铜高、超过 101 ℃后电阻率比无氧铜低，这样不但高温时转子铜耗减少、发热减少，还由于转子电阻随温度变化小使电机随温度变化的特性变化小；端环采用低电阻率的无氧铜；为使鼠笼结构具有高可靠性在端环上增加了高强度合金钢护环；导条和端环采用高频钎焊一次性成型焊接，焊接效率高、可靠性高。为防止转子导条在转子冲片槽中振动而产生断条，转子导条插入转子冲片槽中后采取冲紧工艺，为保证冲紧效果，转子导条与转子槽装配间隙设计值很小。

3.5.3.3　轴承及润滑结构

电机两端均采用绝缘轴承，以防止电腐蚀损伤轴承。电腐蚀电流在电机中有两种通路。第一种通路是转轴—非传动端轴承—定子—传动端轴承，第二种是定子中的电流通过两端轴承后经转轴和齿轮流向机车接地处。对于第一种情况，电机采用一端绝缘轴承即可隔断腐蚀电流的通路，从而防止轴承电腐蚀。由于非传动端轴承较小，制成绝缘轴承的成本相对较低，所以一般非传动端轴承采用绝缘轴承。一端轴承绝缘的结构仅适应于开关频率较低的 GTO 变流器供电的电机和小功率电机，对于由开关频率较高的采用 IGBT 元件变流器供电的大功率电机，还存在第二种通路而且腐蚀电流更大，电机必须两端都采用绝缘轴承。

电机传动端结构如图 3.14 所示。传动端轴承为外圈绝缘的 NU330 圆柱滚子轴承。电机组装时，先在轴转子上热套上传动端轴套、热套传动端轴承的内圈；传动端端盖装上油嘴，用油枪通过油嘴注油直到油脂从端盖的内孔中排出，盖上油嘴帽；放入传动端内封环，其上事先装有一个销子，内封环放入时该销子应对正端盖上的一个槽，以使内封环内的储油室置于要求的位置(储油室是偏心的)，在储油室内加上图纸要求数量的润滑脂长城牌铁路机车牵引电机轴承润滑脂、在传动端轴承的外圈内加上图纸要求数量的润滑脂后在专用油压机上将其冷压压入传动端端盖，由于是外圈绝缘轴承，压入时需特别小心，在传动端端盖顶面的一个小环槽内装上密封圈，为防密封圈脱出在槽内涂上固定胶；在传动端轴承外盖加上图纸要求数量的润滑脂，套上密封圈；将转子装入定子到位后，测量组装后的轴承径向游隙值，该值应为 0.095～0.20 mm；用螺栓加弹垫将传动端轴承外盖固定在定子机座上，螺栓上应抹螺纹锁固剂、拧紧应用图纸要求的力矩；最后热套上传动端外封环，用硅橡胶涂封传动端轴承外盖与传动端端盖的缝隙。

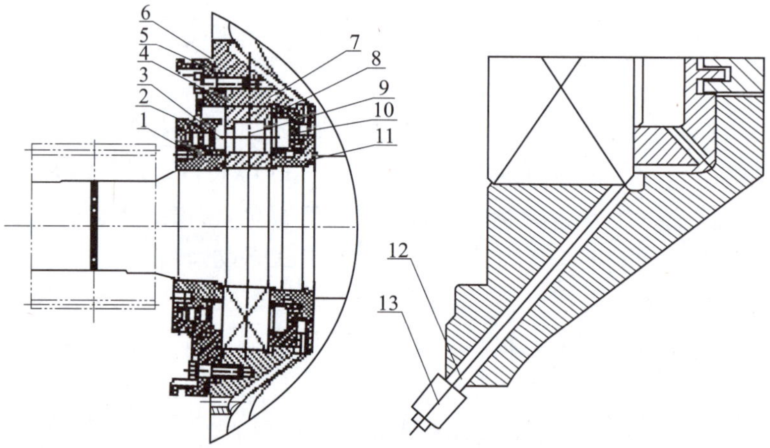

图 3.14　电机传动端结构

1—传动端外封环；2—传动端轴承外盖；3—润滑脂；4—密封圈；5—密封圈；6—硅橡胶；7—传动端端盖；8—销子；9—传动端轴承；10—传动端内封环；11—传动端轴套；12—油嘴；13—油嘴帽

非传动端轴承采用无接触式迷宫密封结构，如图 3.15 所示。由于主动齿轮外斜齿轮，所以非传动端有两个轴承，NU320 圆柱滚子承受径向力、QJ318 四点接触球承受轴向力。电机组装时，先在轴转子上套上非传动端内轴套、NU320 轴承的内圈、轴承内圈隔套、QJ318 轴承的内半内圈，所有件均为热套；非传动端内封环放入非传动端轴承座并添加上图纸要求数量的润滑脂，润滑脂与传动端的一样，在 NU320 轴承的外圈内加上图纸要求数量的润滑脂后在专用油压机上将其冷压压入非传动端轴承座，同样是外圈绝缘轴承压入时需小心，卸压后测量轴承上端面到端盖端面的高度，要求多点测量的差值≤0.02；QJ318 轴承的外圈在专用油压机上将其冷压压入轴承外圈隔套，测量两个端面的高度，要求多点测量的差值≤0.02，在轴承外圈隔套底面油室和 QJ318 轴承内加上图纸要求数量的润滑脂；转子装入定子到位后，将以装上 QJ318 轴承外圈的轴承外圈隔套装入非传动端轴承座，装上键，要求键不被卡死可活动；用液压油泵将 QJ318 轴承的外半内圈压到位，多点测量的高度差值，要求≤0.02；放上密封圈、装上非传动端外封环、在螺栓上涂上锁固剂后装上测速齿盘、螺栓拧紧应用图纸要求的力矩、用扣片扣紧螺栓；在非传动端轴承外盖止口面涂上密封胶、螺栓上应抹螺纹锁固剂、用要求的力矩；最后在测速传感器安装面涂上密封胶、螺纹抹锁固剂、用要求的力矩拧紧。

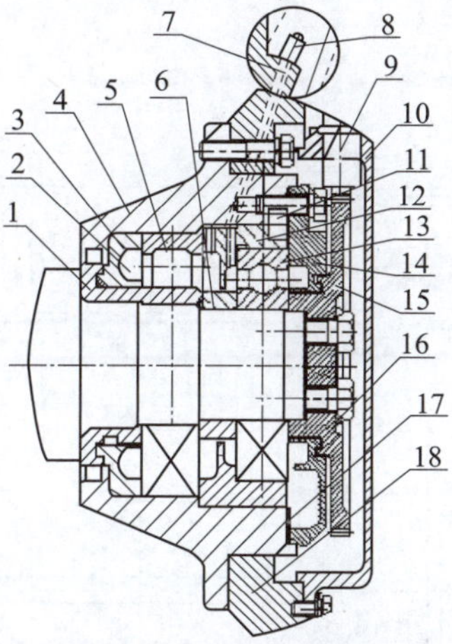

图 3.15　电机非传动端结构

1—非传动端内轴套；2—润滑脂；3—非传动端内封环；4—非传动端轴承座；
5—NU320 轴承；6—轴承内圈隔套；7—油嘴；8—油嘴帽；9—测速传感器；
10—非传动端轴承外盖；11—键；12—轴承外圈隔套；13—QJ318 轴承；
14—非传动端外封环；15—测速齿盘；16—扣片；17—密封圈；18—非传动端端盖

3.5.3.4　测速装置

为了监测电机的转速，在非传动端安装了测速装置，测速装置由测速齿盘和产生信号的速度传感器组成。测速齿盘采用锻钢。采用了高品质霍尔式速度传感器，传感器为双通道，两个通道信号相位差 90°±36°，控制系统通过两路信号的相位差识别电机的正、反转向。电机转速信号用于控制系统对电机进行控制。

3.5.3.5　主动齿轮

主动齿轮是在电机到机车厂后，由机车厂用液压方式冷压压装在电机转轴传动端的外锥轴上，齿轮正常的套入量为轴向进深 14(−2.15～0)。

3.5.3.6　通风系统

YJ85A 型异步牵引电机采用强迫通风冷却，冷却空气从非传动端盖端上部进风口进入，然后分成三路如图 3.16 所示；一路经过定子铁芯和转子铁芯之间的气隙，到传动端；一路经过非传动端线圈端部缝隙进入定子铁芯通风道，通过传动端线圈端部缝隙，汇入传动端，另一路经转子铁芯通风道，汇入传动端；最后三路汇总后由传动端端盖的出风口排出。由于定子铁心上的风路不对称，所以定子铁心圆周内的温度分布不均衡，最高－最低≥50 K，转子温升平衡，两端轴承温升较低。

3.6　典型故障分析及处理

典型故障：主变流器 CI 故障。

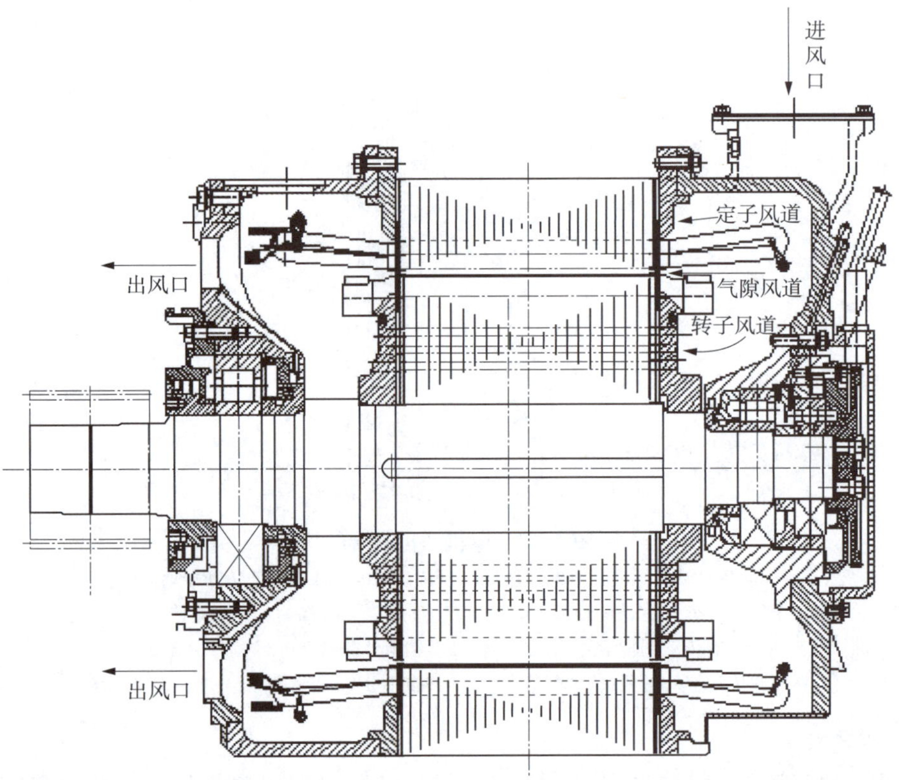

图 3.16　通风系统

3.6.1　故障说明

工作接触器断开，整流器、逆变器门极封锁，微机显示屏主界面显示对应故障电机没有牵引力输出，故障信息提示“电动机 M* 过电流”。

3.6.2　故障分析

CI 工作接触器闭合后，变流柜内输出侧电流互感器（CTU、W）检测电流值达到 1 400 A，微机显示屏报“电动机 M* 过电流”，且相应 CI 自动隔离，说明过流现象确实存在，非系统误报，则最可能原因是牵引电机侧三相供电间出现了短路。

3.6.3　处理方法

牵引手柄回零，待微机显示屏故障提示消失，再提牵引手柄，若故障仍然报出，应在微机显示屏将故障 CI 手动隔离，继续牵引运行，但此时机车会损失相应故障 CI 的牵引力；如对应 CI 因故障隔离自动隔离，在确保安全的情况下，维持机车运行至最近站段。

4 高压电器

4.1 概　　述

HXD3C 型电力机车上采用的高压电器包括：受电弓、主断路器、高压接地开关、高压隔离开关、高压电压互感器、高压电流互感器、接地电流互感器、避雷器等，它们在电路中的位置如图 4.1 所示。

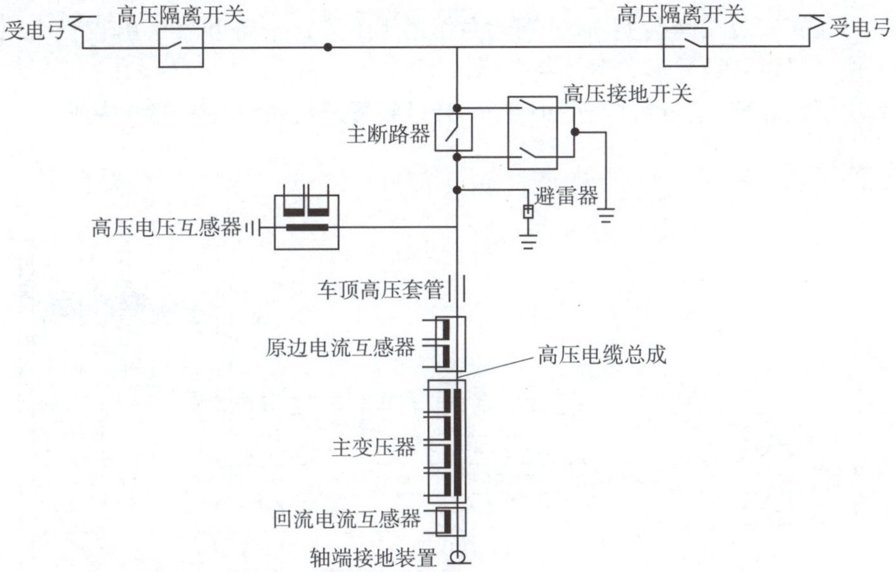

图 4.1　高压电器电路

4.2 受 电 弓

受电弓是电力机车从接触网获得电能的重要电气部件，通过支持绝缘子安装在机车车顶上。受电弓弓头升起后使碳滑板与接触网导线接触，从接触网上集取电流，并将电流通过车顶母线传送到车内供机车使用。

HXD3C 型电力机车采用单臂受电弓，在机车一、二端车顶盖上各安装一台。该型号受电弓采用气囊驱动方式升弓，主要用于干线电力机车，配备有阻尼器和 ADD 自动降弓装置。

4.2.1 主要技术参数

额定电压	25 kV
额定电流	1 000 A
静态接触压力(调整量±10 N)	70 N
升弓时间	≤5.4 s
降弓时间	≤4 s
紧急降弓时间(下降 200 mm 的时间)	<2 s
工作空气压力	400～1 000 kPa
降弓保持力	≥120 N
质量(不含支持绝缘子)	约 130 kg

4.2.2 受电弓的结构

气动升弓装置安装在底架上，通过钢丝绳作用于下臂。上臂和弓头由较轻的铝合金材料结构设计而成。受电弓结外形如图 4.2 所示。

受电弓主要由底架、铰链机构、弓头部分、升弓装置及气路组装等部分构成。

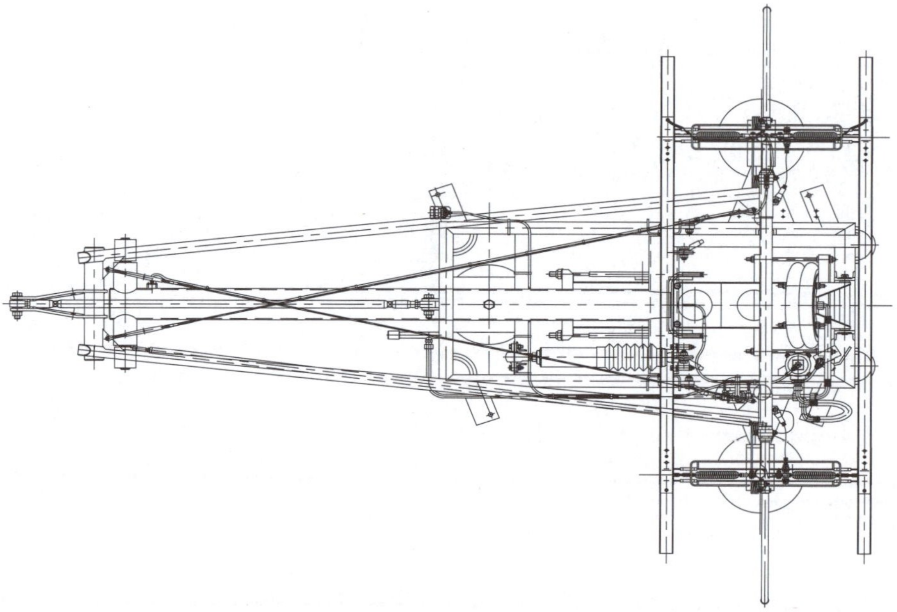

图 4.2 受电弓

4.2.2.1 底　　架

受电弓底架由型钢组焊而成，是整个受电弓的基座部分。受电弓通过支持绝缘子和安装座固定在车顶上。底架上有升弓用气路和 4 个电源引线连接点，还装有自动降弓用快速排气阀、ADD 试验阀和 ADD 关闭阀。快速降弓阀用于检测气路压力，当滑板发生破裂时，快速降弓阀将排出受电弓升弓装置中的空气,实现自动降弓。

4.2.2.2 铰链机构

铰链机构是实现受电弓弓头升降运动的机构。

受电弓由两个四铰链机构组成。下部四铰链机构由下臂、上臂的 T 形部分、下导杆和底架组成,其作用是当下臂转动 ϕ 角时使弓头上升或下降,并保持其运动轨迹基本上为一铅垂线。上部四铰链机构由上臂框架部分、上导杆及弓头支架组成,其作用是使滑板在整个运动高度保持水平状态。

下臂为钢管,支承受电弓上臂和弓头重量,传递升降弓力矩,其长度决定了受电弓的工作高度。下臂管上、下端焊接轴套(连接器),轴套上焊有连线板、阻尼器支架,并在下轴套上有线导板。其上有钢索导轨,可以通过钢索和升弓机械装置相连,在升弓机械装置的带动下,下臂绕轴转动。下轴套通过轴承、轴与底架相连,上轴套通过铰链和上臂相连。

上臂为铝合金框架,用于支承弓头重量,传递向上压力,保证受电弓工作高度。在上臂框架内装有涨紧绳,框架下焊有下导杆支架和连线板。弓头与通过框架上管的轴、止动器、控制杆、左右支架连接。上臂下端通过连接器、连接板与下臂相连。上臂下端与上导杆相连,上导杆上端与弓头支架相连。下臂下端与下导杆相连,下导杆与底架相连。

连接各主要构件的铰链座都装有滚动轴承,并采用金属软导流线进行短接,以避免轴承的电腐蚀。

4.2.2.3 弓头部分

弓头是直接与接触网导线接触受流的部分。受电弓弓头由弓头支架装置、滑板组成。

弓头支架通过两个横向弹簧与上臂相连,保证横向弹性。在支架与上臂间装有四个纵向弹簧以保证纵向弹性。滑板用螺栓与弓头支架相连。弓头的这种结构使滑板在机车运行方向上动作灵活,而且能够吸收各方向上的冲击,达到保护滑板与接触网线的目的。

滑板中有气腔并通有压缩空气,是自动降弓装置的一部分,如果滑板出现磨损到限或断裂时,自动降弓装置启动工作保护,受电弓迅速自动降下。更换滑板后,自动降弓装置要重新启动。

4.2.2.4 升弓装置和气路组装

升弓装置是受电弓的动力装置,由气囊和导盘组成。导盘通过钢索连接在下臂钢索轨道上。进气时气囊胀大,推动导盘向其前方运动,导盘和钢索轨道间拉紧的钢索带动下臂绕轴向上转动,受电弓升起。排气时气囊式气缸回缩,受电弓降弓。

气路组装是为受电弓提供压缩气体的管路系统,其一端与升弓装置的气囊连接,为受电弓提供工作气压,另一端通过绝缘软管连接到车内的供风设备,实现受电弓的升、降弓控制。受电弓与车顶盖连接的绝缘软管,也起到将接触网电压与车顶盖高压绝缘的作用。

升弓气源控制阀组安装在机车内,用于调节受电弓升、降弓时间和静态接触压力等参数及实现自动降弓功能。空气过滤器可提高升弓气源的质量。单向节流阀(升弓)用于调整升弓时间。精密调压阀用于调节受电弓工作压力,调压范围为 0.01～0.8 MPa,精确度为±0.02 bar(±2 kPa),每 0.1 bar(10 kPa)的压力变化将导致 10 N 的接触力变化。压力表显示受电弓的工作压力。单向节流阀(降弓)可以限制降弓速度。如果精密调压阀出现故障,安全阀具有保护气路的作用。压力开关用于弓网故障出现漏风时向机车微机发送高电平信号保证机车先断主断再降受电弓，防止受电弓带负荷脱离接触网线。

4.2.3 受电弓的工作原理

受电弓采用气囊驱动方式升弓。受电弓的气动原理图如图 4.3 所示，升弓装置如图 4.4 所示。

受电弓升弓时，升弓电空阀得电，气路打开，压缩空气通过升弓电空阀，经空气过滤器、升弓节流阀、精密调压阀、压力表、降弓节流阀、安全阀，在车顶通过空气绝缘管进入升弓气囊，构成升弓气路，使受电弓升起。

受电弓降弓时，升弓电空阀失电，升弓气路关闭，精密调压阀上的快速排气阀启动，受电弓靠自重降弓。

当滑板破裂、磨损到限或管路泄漏时，受电弓 ADD 气路的压力下降，快速降弓阀打开通往大气的通路，受电弓压力快速下降，导致受电弓快速降弓；与此同时，压力开关由于气压下降而动作发送电信号（高电平）给机车，由机车微机系统发出分断主断路器指令，以保证在受电弓降弓之前，机车能够先行切断机车电源，避免受电弓带电拉弧。

ADD 试验阀接在 ADD 关闭阀后面，用于检测受电弓自动降弓装置的功能是否完好。ADD 关闭阀置“闭”位时，将切断试验阀功能和通往滑板的气路。机车正常运行时，ADD 关闭阀置“开”位，ADD 试验阀置“工作状态”位。

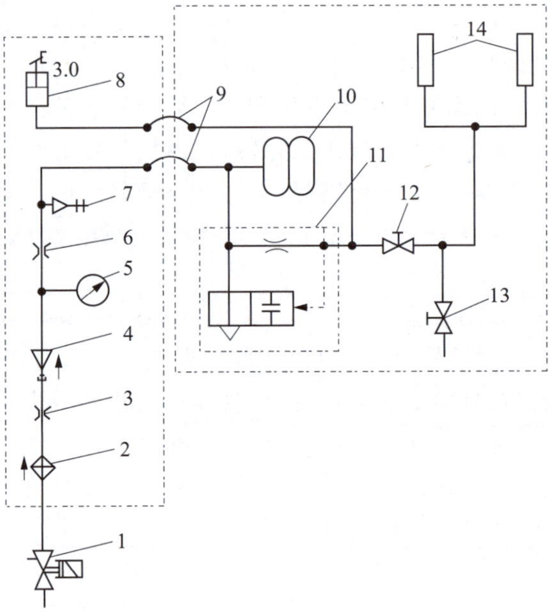

图 4.3 受电弓气动原理

1—升弓电空阀；2—空气过滤器；3—升弓节流阀；4—调压阀（含快排阀及消音器）；5—压力表；6—降弓节流阀；7—安全阀；8—压力开关；9—空气绝缘软管；10—气囊；11—快速降弓阀；12—ADD 关闭阀；13—ADD 试验阀；14—碳滑板

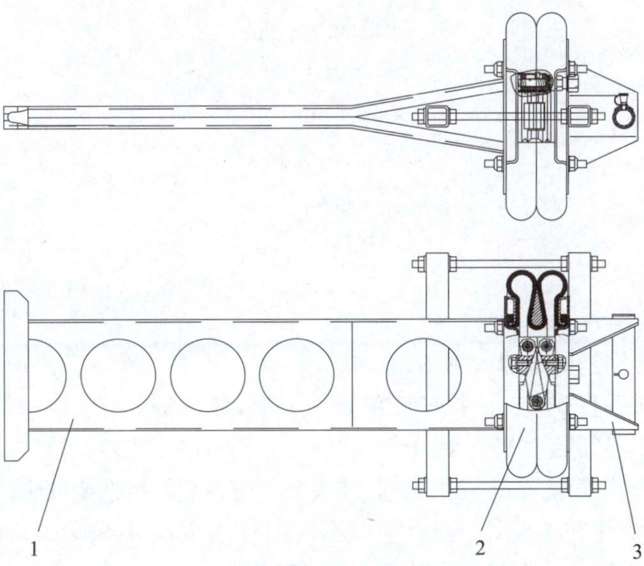

图 4.4 升弓装置

1—桁架；2—气囊；3—底板组装

4.3 主断路器

HXD3C 型电力机车采用真空主断路器，外形如图 4.5 所示。真空主断路器是电力机车的一个重要电气部件，它是整车与接触网之间电气连通、分断的总开关，是机车上最重要的保护设备，当机车发生各种严重故障时能迅速、可靠、安全地切断机车总电源，从而保护机车设备。该断路器与接地开关直接装配，安装在车内高压电器柜中。

真空主断路器是以真空作为绝缘介质和灭弧介质，其结构特点为单断口直立式，直动式气缸传动，电空控制，适用于干线交流 25 kV 各类型电力机车。与空气断路器相比，具有结构简单、工作可靠、动作速度快、绝缘强度高、维修方便等优点。采用真空断路器可以避免以往空气断路器灭弧室瓷瓶爆炸，非电性电阻瓷瓶爆炸，隔离开关轴折断主阀卡位、漏风、控制线圈烧损等惯性故障，降低机车故障率，提高运行可靠性。同时可延长主断路器的检修周期，减少维修工作量，降低检修成本。

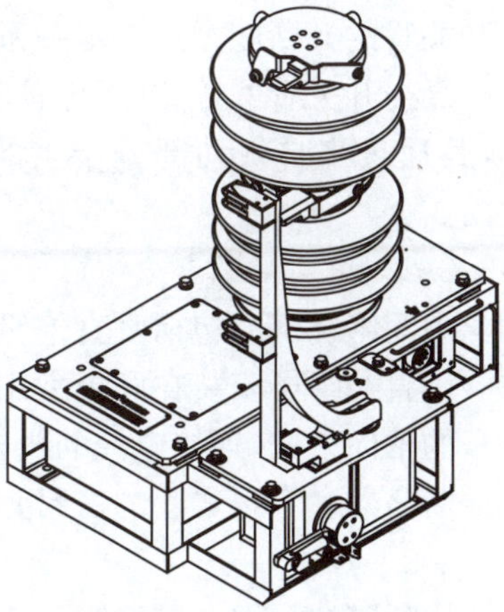

图 4.5 真空主断路器

4.3.1 主要技术参数

额定电压	30 kV
额定电流	1 000 A
额定短路接通能力	50 kA(峰值)
额定短路开断能力	20 kA(有效值)

额定容量	600 MV·A
固有分闸时间	≤40 ms
合闸时间	≤100 ms
电气寿命	20 000 次(1 000 A)
机械寿命	25 万次
质量	115 kg

4.3.2 结　构

真空管断路器的结构如图 4.6 所示。

两个陶瓷绝缘子垂直安装，一个安装在另一个上，然后通过铸铝基座安装在固定框架上。空气进气接头和连接器安装在基座侧面。

由主开关触头和外壳装置组成的真空开关管与断路器上绝缘子用硅橡胶浇注成一体。上、下铜铬铸造法兰浇注在上绝缘子上，它们不仅用作主电流接线端子，而且支撑着接地开关(35KSDP1)的接地触头。上接线端子用于 25 kV 高压电输入连接，下接线端子连接主变压器原边的输入高压电缆。

真空开关管的操作装置通过传动杆与活塞连接。

真空开关管动触头与压紧环连接，电流通过软连线从动触头连接到下接线端子。

真空开关管内部是真空的，因此由于外界大气压力，压紧环会向上移动。弹簧座借助弹簧的反弹力使真空开关管动触头保持断开状态。

真空断路器的控制和监测设备(控制阀、压力开关、辅助触头等)安装在基座中。

4.3.2.1 高压部分

高压部分结构包括绝缘子、真空开关管组装和传动轴头组装等。真空开关管组装安装于绝缘子内部，构成机车顶上的高压电路，确保开断交流电弧。真空开关管通过密封和大气隔离，其包括动触头、静触头和外罩等。同时，真空开关管的真空度是其最重要的参数之一，与真空开关管的开断能力成一定关系。

真空开关管的分、合闸即体现了整个主断路器的分合闸情况，具体表现为对动触头的操作，其通过来自气动部分产生的机械动力推动连杆机构的操纵杆来完成，以保证它的轴向运动。

4.3.2.2 中间绝缘部分

中间绝缘部分包括垂直绝缘子和底板以及安装于车顶和断路器之间的 O 形密封圈。

垂直绝缘子安装在底板上用以满足 30 kV 电压的绝缘要求，同时绝缘操纵杆通过垂直绝缘子的轴向空腔，连接电控的机械装置和真空开关管的动触头。底板安装与车顶 O 形圈用以保证断路器和车顶之间的密封。

4.3.2.3 控制部分

主断路器采用电空控制。该控制通过空气管路，在动触头快速合闸过程中提供必需的压力。储风缸是实现断路器气动控制的气压源，其要求能够满足在机车对断路器不供气的状态下，其残存的压缩空气至少能够使断路器完成一次动作；调压阀安装在断路器进气口与储风缸之间，通过它来对气压值进行预设整定，用以保证进入储风缸内的气压能充分满足断路器的正

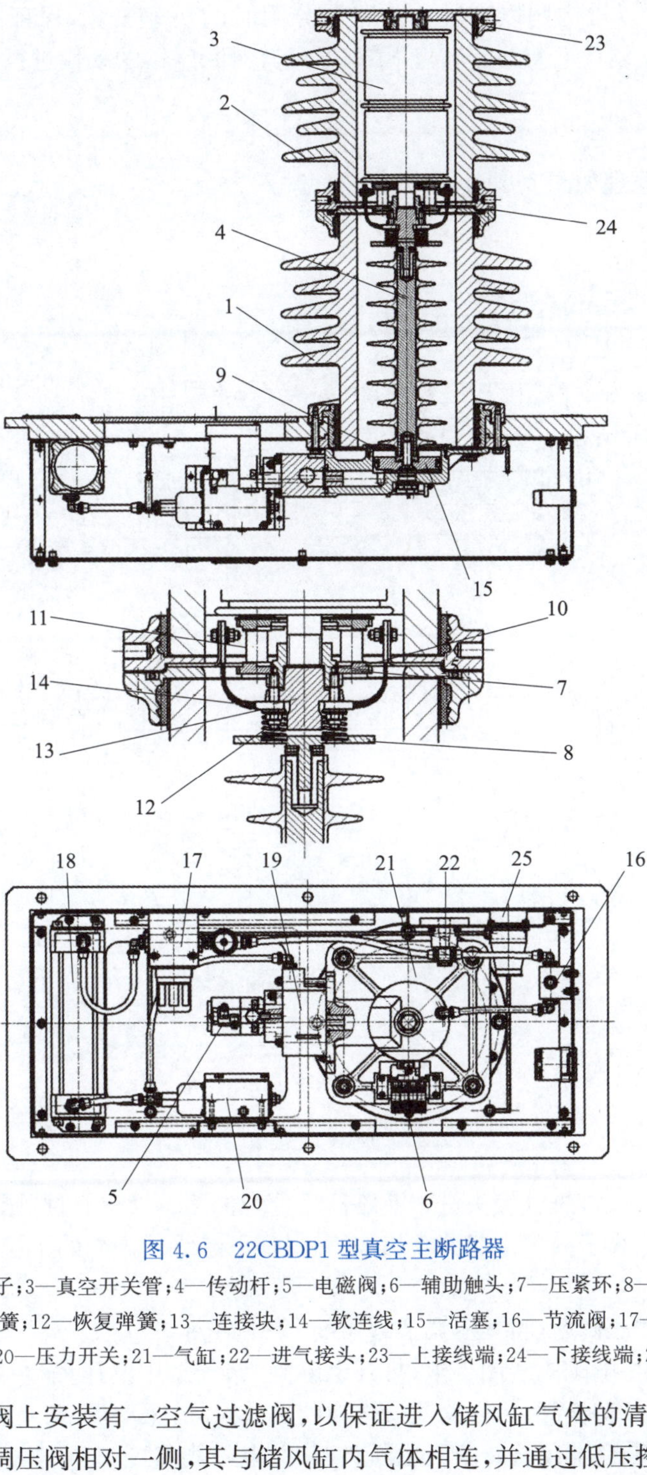

图 4.6　22CBDP1 型真空主断路器

1—下绝缘子；2—上绝缘子；3—真空开关管；4—传动杆；5—电磁阀；6—辅助触头；7—压紧环；8—传动盘；9—活塞限位环；10—弹簧座；11—主弹簧；12—恢复弹簧；13—连接块；14—软连线；15—活塞；16—节流阀；17—调压阀；18—储气缸；19—转换阀；20—压力开关；21—气缸；22—进气接头；23—上接线端；24—下接线端；25—电连接器

常动作，同时，调压阀上安装有一空气过滤阀，以保证进入储风缸气体的清洁与干燥；压力开关安装于储风缸上与调压阀相对一侧，其与储风缸内气体相连，并通过低压控制线路将信息反馈给 110 V 控制单元，以使断路器拒绝进行操作；电磁阀控制储风缸内的气流的通断，气缸把空气压力转化为机械作用力；保持线圈安装与气缸上部，通过对气缸活塞的吸合，实现对断路器合闸状态的保持;肘节机构用以实现主断路器分闸时的快速脱扣,保证断路器快速的分断;110 V 控制单元 3 安装在主断路器底板下部,通过其对断路器的动作进行整体控制。

4.3.3 动作原理

主断路器动作原理如图 4.7 所示。

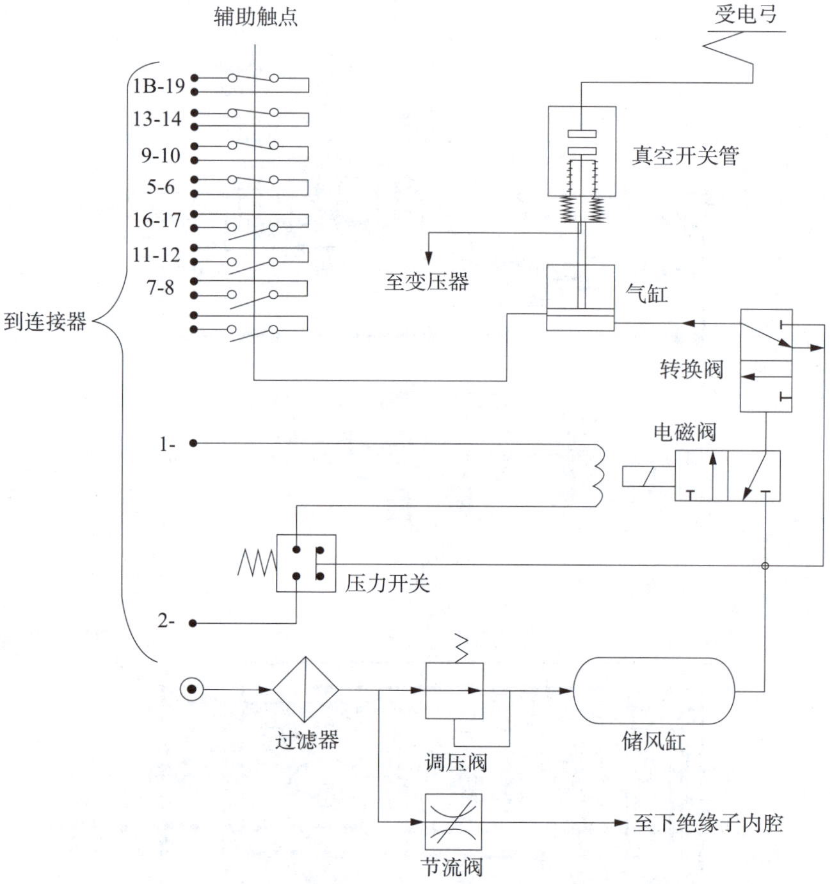

图 4.7　22CBDP1 型真空主断路器工作原理

干燥的压缩空气通过进气接头进入断路器后分为两路:一路通过调压阀进入储气缸;一路经过节流阀进入下绝缘子内腔中起到吹扫作用,保证下绝缘子内腔的干燥及清洁,确保断路器安全工作。

压缩空气经过调压阀后,将气压调节到 483～497 kPa。

闭合主断路器时,电磁阀线圈得电,打开电磁阀,储气缸中的压缩空气一路经电磁阀进入转换阀的控制腔,打开转换阀,另一路通过转换阀送入风缸,驱动活塞、绝缘推杆和主断路器的动触头上移,使真空断路器闭合。断开主断路器时,电磁阀线圈失电,电磁阀和转换阀均在弹簧的作用下复位,将风缸内的压缩空气释放掉,绝缘推杆和主断路器的动触点在机械装置弹力作用下,向下移动,在小于 40 ms 的时间内将真空断路器的主触头断开。

压力开关与电磁阀在电气上串联，当压缩空气压力下降低于 345～358 kPa 时，压力开关打开，电磁阀线圈失电，主断路器自动断开。要想重新闭合主断路器，压缩空气压力必须超过 390～420 kPa。

为了确保断路器主触头闭合，电磁阀必须一直处于得电状态。

当断路器活塞移动时，辅助触头装配的凸轮板也随之运动，使断路器的 7 组辅助触头正常开闭。

4.3.3.1 合闸操作

具体合闸过程介绍如下，主断路器断开状态如图 4.8 所示。

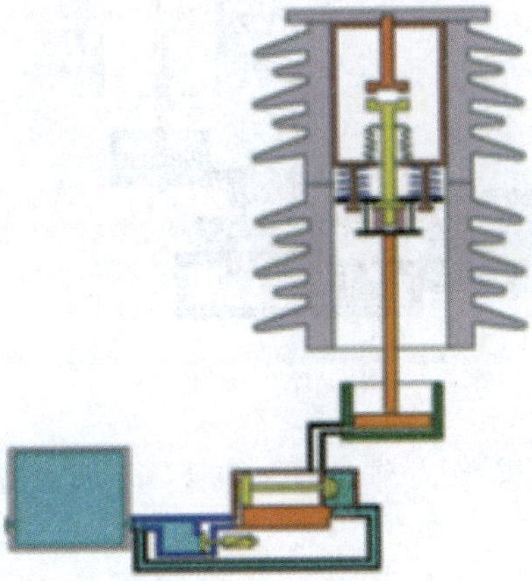

图 4.8 断开状态

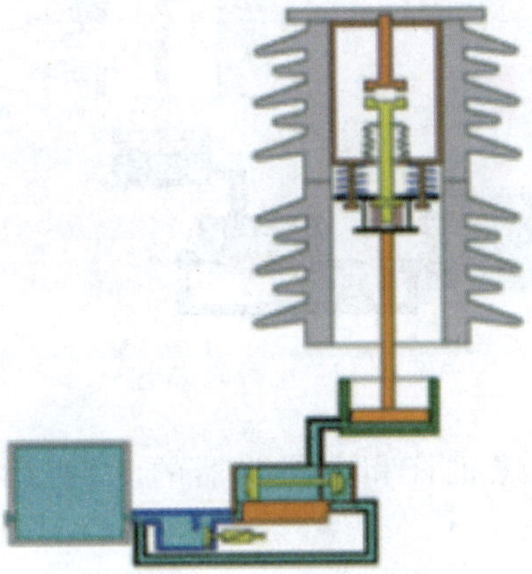

图 4.9 电磁阀闭合

(1)将主断路器扳键开关置“合”位，电磁阀线圈得电，闭合电磁阀，储气缸中的压缩空气一路经电磁阀进入转换阀的控制腔，打开转换阀，另一路通过转换阀送入风缸(图 4.9)。

(2)驱动活塞、绝缘推杆和主断路器的动触头上移，压缩主弹簧，闭合主触头(图 4.10)。

(3)主触头下面的恢复弹簧被压缩(图 4.11)。

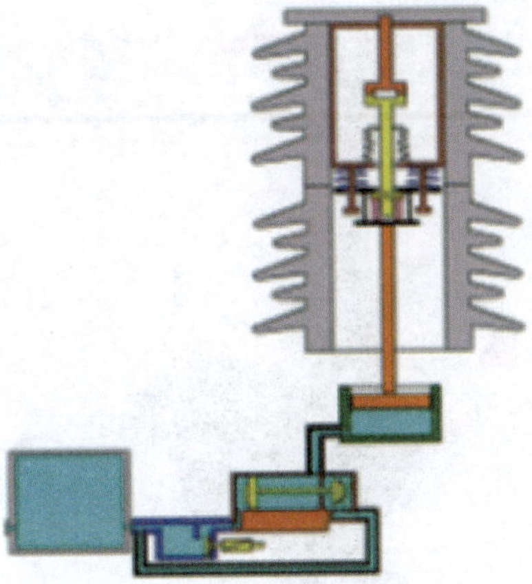

图 4.10 主触头移动

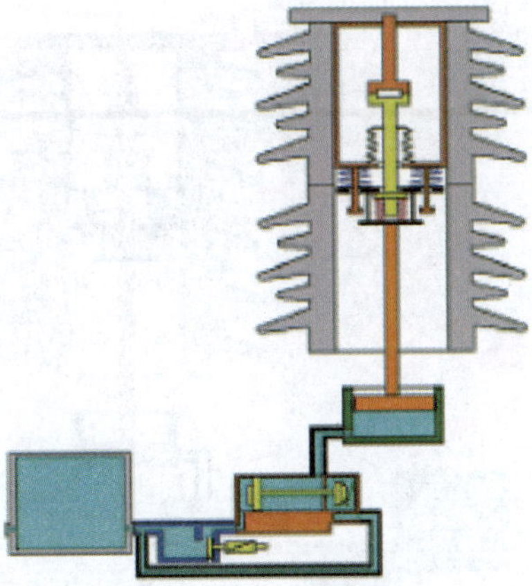

图 4.11 主触头闭合

4.3.3.2　分闸操作

具体分闸过程介绍如下，主断路器闭合状态如图 4.11 所示。

(1)将主断路器扳键开关置“分”位，电磁阀线圈失电(图 4.12)。

(2)电磁阀和转换阀均在弹簧的作用下复位，将风缸内的压缩空气释放掉(图 4.13)。

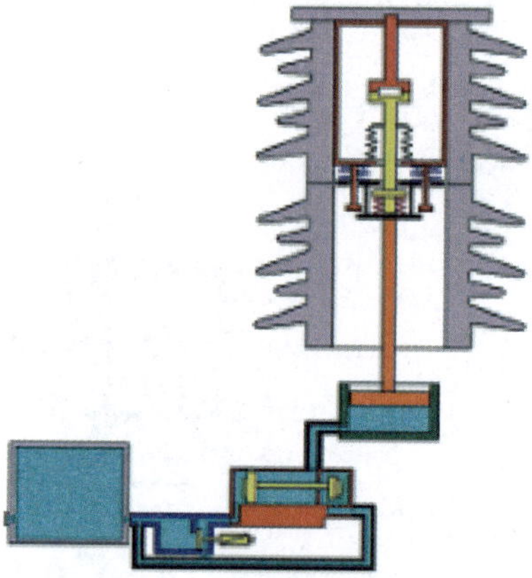

图 4.12　电磁阀失电

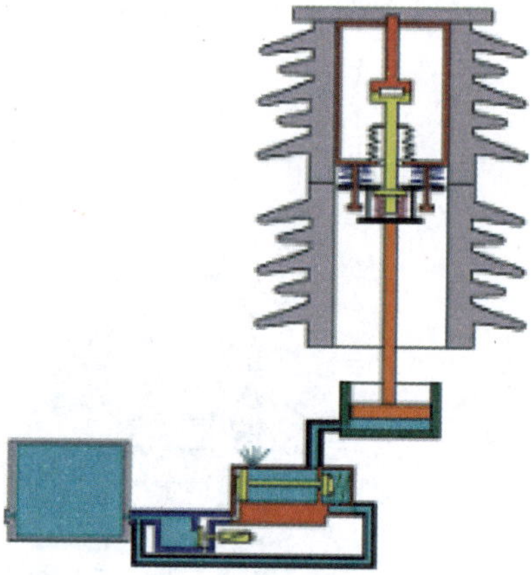

图 4.13　排气

(3)绝缘推杆和主断路器的动触点在机械装置弹力作用下，向下移动，打开主触头(图 4.14)。

4.4　高压接地开关

接地开关的主要功能是在受电弓降下、主断路器断开状态下，将主断路器两侧的车顶高压设备回路和主变压器原边接地，与主断路器配套使用。接地开关保证了机车的安全操作，当工作人员进行机车检查或维护时，消除故障或进行修理时，保证工作人员的人身安全。

HXD3C 型电力机车采用真空断路器配套的接地开关。接地开关的外形如图 4.15 所示。

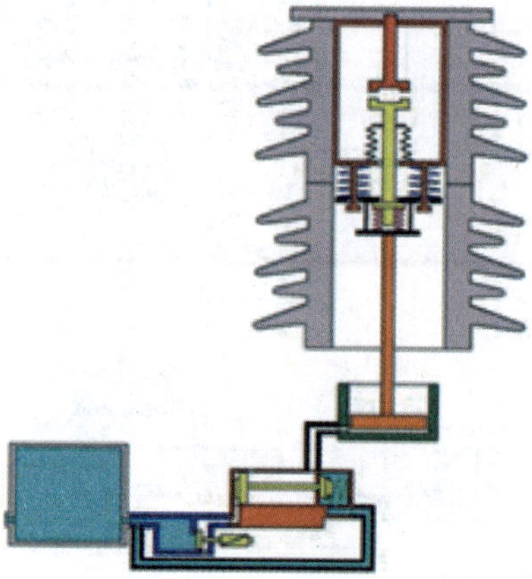

图 4.14　主触头断开

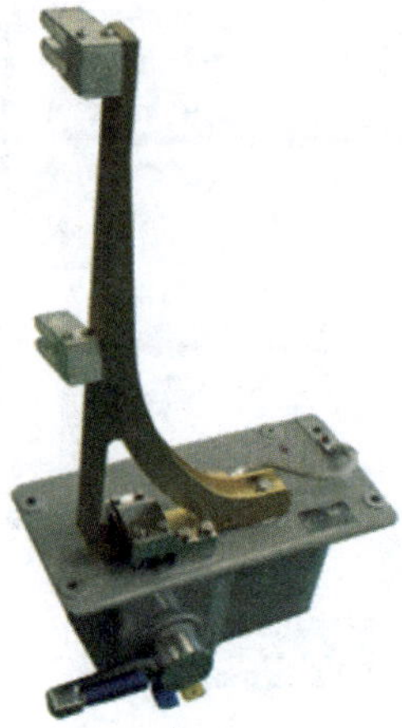

图 4.15　接地开关

4.4.1　主要技术参数

标称电压	25 kV
额定电压	30 kV
额定电流	400 A
峰值耐受电流	20 kA
短时耐受电流	8 kA/1 s
机械寿命	20 000 次
质量	约 26 kg

4.4.2　结　　构

接地开关的结构如图 4.16 所示。主要部件有接地夹、接地臂、转轴、箱体、锁组装、手柄组装、转盘、连接杆组成、转套、微动开关(1)、微动开关(2)、AMP 连接器、凸轮等。

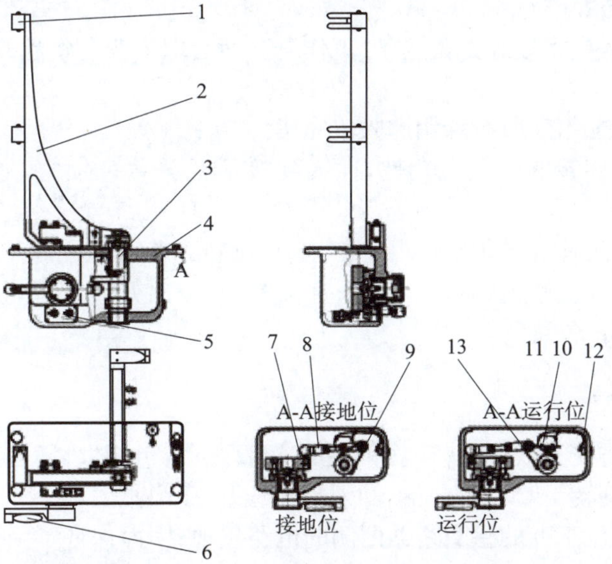

图 4.16　接地开关的结构

1—接地夹；2—接地臂；3—转轴；4—箱体；5—锁组装；6—手柄组装；7—转盘；8—连杆杆组成；9—转套；10—微动开关(1)；11—微动开关(2)；12—AMP 连接器；13—凸轮

4.4.3　动作原理

转动手柄，可以带动由转盘、连接杆组成、转套、转轴组成的传动机构动作，从而带动转臂转动，最后实现接地夹与真空断路器的接地触头的连接与分离。手柄组装从一端旋转 180°到另一端时，转臂也相应从“运行”位旋转 90°到“接地”位或者从“接地”位旋转 90°到“运行”位。而控制是否能够转动的是锁组装，锁组装共有两个锁，一个供蓝钥匙使用，一个供黄钥匙使用。仅在蓝钥匙插入蓝色锁后，手柄组装才能从“运行”位旋转到“接地”位，旋转到“接地”位后，就可把黄钥匙从黄色锁中取出，同时联锁机构就被黄色锁所在“接地”位。手柄组装位于“接地”位时，凸轮将微动开关(1)的滑轮压下，微动开关(2)的滑轮松开，AMP 连接器 1、2 点导通，3、4 点不导通；手柄组装位于“运行”位时，凸轮将微动开关(1)的滑轮松开，微动开关(2)的滑轮压下，AMP 连接器 1、2 点不导通，3、4 点导通。

4.4.3.1 “接地”状态操作

当机车库内试验或入库检修时，操作人员需要接触高压电器设备，此时应将接地开关置于“接地”位，拔下黄色钥匙插入联锁钥匙向上，并取出绿色钥匙。

具体操作如下：

将受电弓开关锁蓝色钥匙旋至“受电弓降下”位置，取出蓝色钥匙，并插入接地开关蓝色锁内。

顺时针旋转蓝色钥匙 90°至水平位置。

拉出操纵手柄顺时针旋转 180°(即由“运行”位旋转到“接地”位)。

顺时针旋转黄色钥匙至垂直位置，拔出黄色钥匙并插入联锁钥匙箱上，而后取出绿色钥匙打开高压设备柜门或车顶门，进行高压设备试验及维修工作。

4.4.3.2 “工作”状态操作

在机车运行之前，应将接地开关置于“工作”位，而后取下蓝色钥匙开通机车升弓气路。

具体操作如下：

确认机车联锁钥匙箱上所有绿钥匙收集完毕。

从联锁钥匙箱上旋转取出黄色钥匙，插入到接地开关黄色锁内，逆时针旋转 90°至水平位置。

拉出操纵手柄逆时针旋转 180°(即由“接地”位旋转到“运行”位)。

逆时针旋转接地开关蓝色钥匙 90°至垂直位置，并拔出蓝色钥匙，插入受电弓开关锁内，并旋转到“受电弓上升”位置。

4.4.4 保护原理

转动蓝色钥匙，将安全联锁箱转换到降弓位置，取下蓝色钥匙，插入到接地开关锁组装，然后，将操纵杆从一端旋转 180°到另一端，闸刀也相应从“工作位 ”旋转 98°到“接地位”。此时，高压接地开关把牵引机车上的主断路器两侧的电路接地，因而保证了牵引机车的安全操作，同时，当工作人员进行检修或维护时，消除缺陷或进行修理时，保证了工作人员的人身安全。

4.5 高压隔离开关

高压隔离开关安装在机械间内，采用电磁阀控制方式，如图 4.17 所示，当开关打至隔离位时，动触头端自动接地，确保故障端受电弓可靠接地，保证高压柜内部的安全可靠。一台受电弓发生故障时，可通过微机显示屏上的受电弓预选软开关将其隔离，同时使用另一台受电弓维持机车正常运行，提高机车运用可靠性。

4.5.1 主要技术参数

标称电压　　25 kV

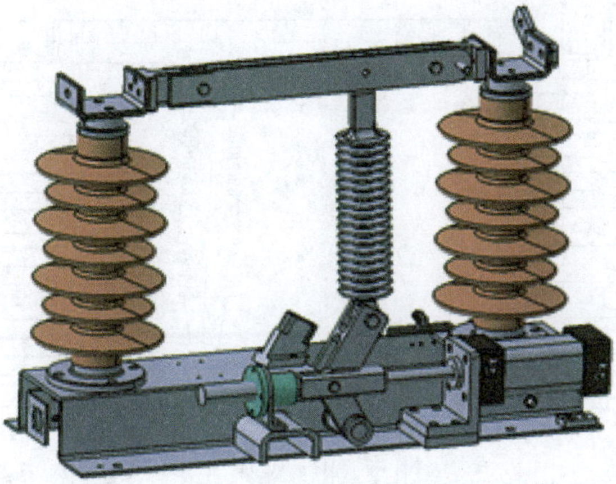

图 4.17　高压隔离开关外形

额定电压	30 kV
额定电流	500 A
机械寿命	20 000 次

4.5.2　结　　构

高压隔离开关通过高隔底架安装在机车车内高压电器柜中，如图 4.18 所示。它装有两个刀闸板，一端固定在固定座上，另一端延伸到接触头上。刀闸板通过拉杆与下面的传动机构相连，传动机构采用长槽滑块机构，采用电控、气动的控制方式。在高隔底架两侧，分别固定安装电磁阀和传动气缸、传动轴，保证了刀闸板与传动机构的转动。高隔底架上装有接地座，当高压隔离开关处于分闸状态时，刀闸板转到接地位与接地座连接。转轴末端上的凸轮是用来控制安装在高隔底架上的两个辅助触头开关，两个辅助触头开关用于高压隔离开关状态信号的输出。

4.5.3　工作原理

分闸：当高压隔离开关处于合闸状态时，电磁阀得到分闸信号，得电动作，打开气路，压缩空气经电磁阀进入压力气缸，推动操纵杆，使转轴旋转 60°，隔离开关分断，刀闸板转到接地位与接地座连接。转轴转动的同时，固定在转轴上的凸轮驱动低压联锁改变为分闸状态，并将信号传到司机室。

合闸：当高压隔离开关处于分闸状态时，电磁阀得到分闸信号，得电动作，打开气路，压缩空气经电磁阀进入压力气缸，推动操纵杆，使转轴旋转 60°，隔离开关闭合，刀闸板与接触头连接。转轴转动的同时，固定在主轴上的凸轮驱动低压联锁改变为合闸状态，并将信号传到司机室。

高压隔离开关不带灭弧装置，不具有开断电流的能力；因此，它的所有动作都必须在主断路器处于分断状态时进行。

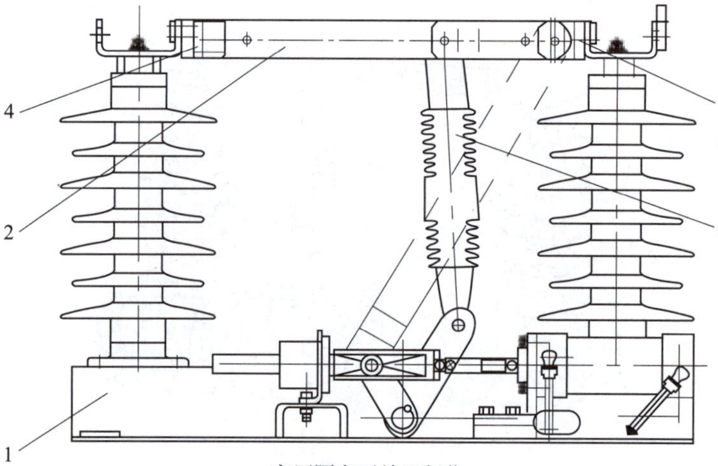

高压隔离开关运行位

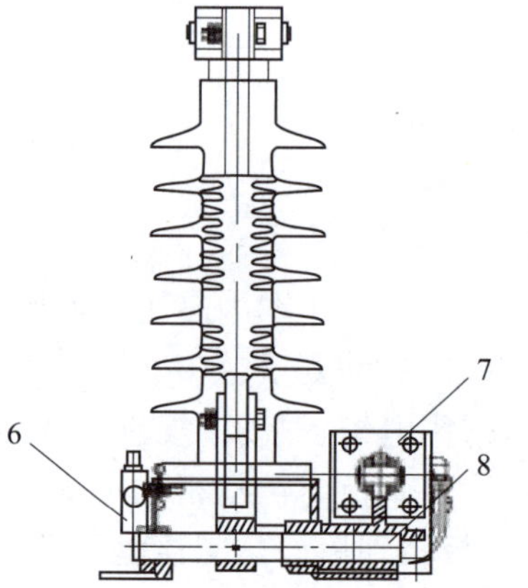

图 4.18　高压隔离开关结构

1—高隔底架；2—刀闸板；3—固定座；4—接触头；5—拉杆绝缘子；6—电磁阀；7—气缸；8—转轴

4.6　高压电压互感器

JDZX18-25(C)型产品为户内全封闭式电压互感器，为 HXD3C 型电力机车配套使用。本产品采用环氧树脂浇注绝缘支柱式结构，适用于户内交流 50～60 Hz，额定电压为 25 kV 的电力机车电网中作电压测量或继电保护使用。具有耐机械冲击能力强、质量轻、便于安装、不易损坏、维护周期长的特点。

4.6.1　主要技术参数

变压比	25 000/100 V
额定功率	30 V·A
额定电压因数	1.9(8 h)

二次侧熔断器规格	5 A
功率因数	cosφ=0.8(滞后)
绝缘等级	F级
精确等级	1级
质量	56 kg

4.6.2 工作原理

JDZX18-25(C)型高压电压互感器的接线图如图4.19所示。

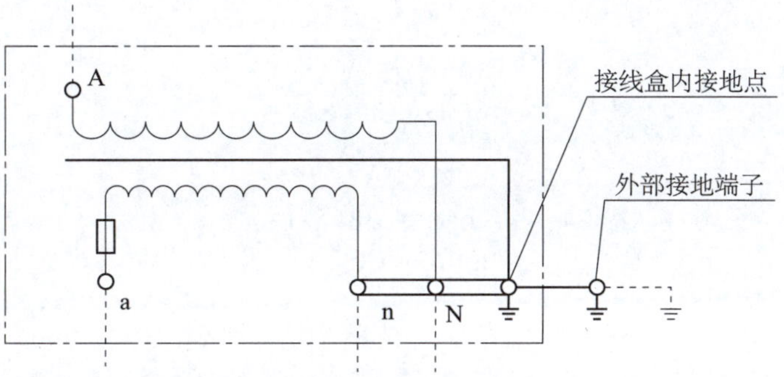

图4.19 接线原理

JDZX18-25(C)型高压电压互感器的接线图如图4.19所示。高压电压互感器是一种利用电磁感应原理把一次侧的高电压变换为标准测量电压的特种变压器。它的主要作用是:(1)给测量仪器、仪表或继电保护、控制装置提供信息;(2)使测量、保护和控制装置与高电压相隔离。JDZX18-25(C)高压电压互感器的一次绕组并联接在车顶25 kV高压线路上。

4.6.3 结构简介

JDZX18-25(C)型高压电压互感器为浇铸式电压互感器,如图4.20所示,一次侧接在主电路上,二次侧装有限流熔断器,适用于交流50~60 Hz电力机车内低压侧的测量及高压侧继电保护使用。

图4.20 JDZX18-25(C)型高压电压互感器

4.7　高压电流互感器

LMZB-25C 型电流互感器为电力机车高压侧专用电流互感器，本产品采用支柱穿心母线环氧树脂浇注绝缘式结构。

4.7.1　技术参数

一次额定电压	25 kV
额定频率	50 Hz
额定二次电流	5 A
变比	400 A/5 A
额定二次输出	25 VA
额定绝缘水平	0.5/3 kV
负荷功率因数	$\cos\varphi=0.8$（滞后）
质量	6 kg

4.7.2　基本原理介绍

电流互感器是利用电磁感应原理，通过一次绕组与二次绕组的安匝平衡来把大电流变换为标准测量电流。它起到了变流和电气隔离的作用，避免了直接测量线路的危险。电流互感器是测量仪表、继电保护等二次设备获取电气一次回路电流信息的传感器，电流互感器将高电流按比例转换成低电流，电流互感器一次侧接在一次系统，二次侧接测量仪表、继电保护等。

4.7.3　结构简介

LMZB-25C 型电流互感器为浇铸式电流互感器，如图 4.21 所示，套接在牵引变压器原边前端的高压电缆上，适用于交流 50～60 Hz 电力机车内低压侧的测量及高压侧继电保护使用。

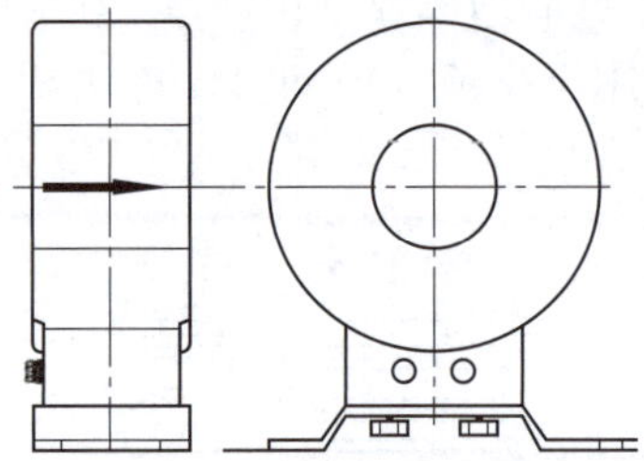

图 4.21　高压电流互感器

4.8　接地电流互感器

LMZJW-0.5 型电流互感器为电力机车低压侧专用电流互感器，本产品采用支柱穿心母线环氧树脂浇注绝缘式结构，适用于交流 50 Hz，额定电压为 0.5 kV 的 HXD3C 型电力机车内低压侧作继电保护使用。

4.8.1 技术参数

额定频率	50 Hz
额定二次电流	5 A
额定二次输出	15 V·A
负荷功率因数	$\cos\varphi=0.8$(滞后)
准确等级	1.0 级
质量	1 kg

4.8.2 基本原理介绍

电流互感器是利用电磁感应原理，通过一次绕组与二次绕组的安匝平衡来把大电流变换为标准测量电流。它起到了变流和电气隔离的作用，避免了直接测量线路的危险。电流互感器是测量仪表、继电保护等二次设备获取电气一次回路电流信息的传感器，电流互感器将高电流按比例转换成低电流，电流互感器一次侧接在一次系统，二次侧接测量仪表、继电保护等。

4.8.3 结构简介

LMZJW-0.5 型电流互感器为浇铸式电流互感器，。互感器铁心形式为卷铁心，经卷制、退火而成。牵引变压器的接地电缆穿过其中心，作为一侧线圈，互感器二次侧线圈有一个绕组，用于机车保护，低压电流互感器外形与安装如图 4.22 所示。

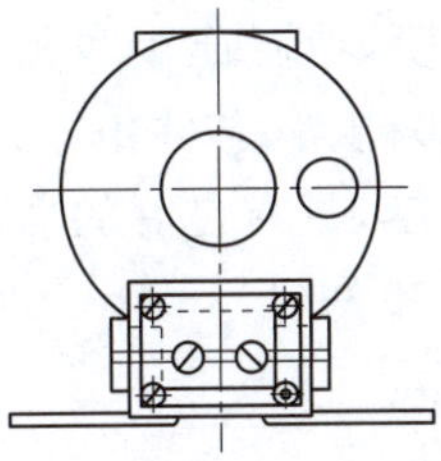

图 4.22 低压电流互感器

4.9 避雷器

复合外套无间隙金属氧化物避雷器，安装在机车车顶，主要用于保护机车网侧电路高压设备免受大气过电压及操作过电压侵害。避雷器的主体元件采用硅橡胶外套密封，具有优良的耐污性能和防爆性能，并且体积和质量小。

4.9.1 技术参数

系统电压(r.m.s)	27.5 kV
额定电压(r.m.s)	42 kV

直流参考电压(1 mA 下)	≥58 kV
工频参考电压(1 mA 下)	≥40 kV
标称放电电流	10 kA
操作冲击残压(0.5 kA,30/60 μs)	≤89 kV
雷电冲击残压(10 kA,8/20 μs)	≤105 kV
陡波冲击残压(10 kA,1/10 μs)	≤118 kV
2 ms 方波电流耐受(18 次)	400 A
持续运行电压下阻性电流	≤300 μA
硅橡胶外套表面爬距	≥1 050 mm
电气间隙	≥485 mm
大电流冲击耐受能力	100 kA

4.9.2 基本原理介绍

避雷器元件内装有非线性电阻片(氧化锌阀片),其具有优良的伏安特性,实现对过电压的限制。当系统出现过电压时,氧化锌电阻片呈现低电阻状态,吸收一定的过电压能量,过电压被限制在允许值以下,从而对电器设备提供可靠的保护。而在避雷器额定电压和系统正常工作电压下,氧化锌电阻片呈现为高电阻状态,使避雷器仅流过很小的泄漏电流,起到与系统绝缘的作用。

4.9.3 结构简介

产品主要由硅橡胶复合外套、芯体、高压接线端、连接底板等部分组成,如图 4.23 所示。硅橡胶复合外套具有优良的绝缘性能和耐污秽能力,芯体由非线性优良的金属氧化物电阻片组成,在内部紧固成一体。避雷器整体结构紧凑,具有良好的冲击振动性能。高压接线端和连接底板等采用不锈钢材料,保证表面的耐蚀性和美观。

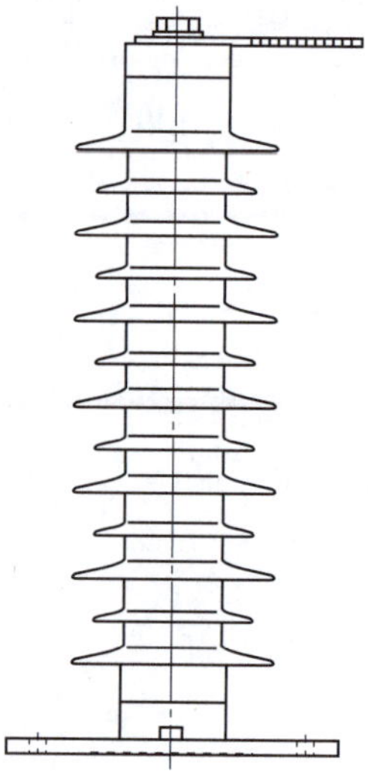

图 4.23 避雷器

4.10 高压电缆总成

高压电缆总成包括三组高压电缆组件组成，其中第一组(GYDL4-1B)和第二组(GYDL4-2B)分别由两端受电弓进入网侧柜与高压隔离开关相连，第三组(GYDL4-3B)由网侧柜断路器出口端与变压器相连。第一组和第二组结构相同，均由户外终端、户内终端、电缆和法兰等组成，但两者电缆长度不同。高压电缆与户内终端、户外终端之间为不可拆卸连接，吊顶盖前后，车顶高压套管均挂在机械间侧墙安装座上。第三组高压电缆组件由户内终端、电缆、T形连接器组成，T形连接器与变压器A端子之间的连接是活动连接，拆装十分方便、简单。

4.10.1 技术参数

主要部件技术参数：

户外终端

型号	52TTGI
高度	(460±10) mm
悬臂强度	150 N·m(套管顶部抗拉强度)
伞裙个数	13
伞裙直径	126 mm
爬电距离	1 320 mm
高压连接螺栓	M16

户内终端

型号	52TTGI(N)
爬电距离	大于 600 mm
高压连接螺栓	ϕ13

高压电缆

型号	DCEPJC 26/45 kV　1×120/25
电缆外径	40～42 mm
最小弯曲半径	240 mm

T形连接器

型号	P400TB/G
绝缘材料	硅橡胶
外形尺寸(L×W)	350 mm×255 mm

系统电气性能参数

工作电压	27.5 kV(最大持续值 31 kV)
局放试验(37.5 kV/50 Hz)	<5 pc(例行试验)
持续额定电流	520 A(30 ℃)(在机械间环温 55 ℃时不小于 350 A)
冲击电压	170 kV(型式试验)
额定短路电流	导体：13.6 kA，1 s
	屏蔽层：5 kA，1 s

4.10.2 构造说明

4.10.2.1 组　　成

GYDL4-1B高压电缆总成由1个户内终端、1根120 mm^2高压电缆和1个户外终端组成，其结构尺寸及安装方式如图4.24所示。

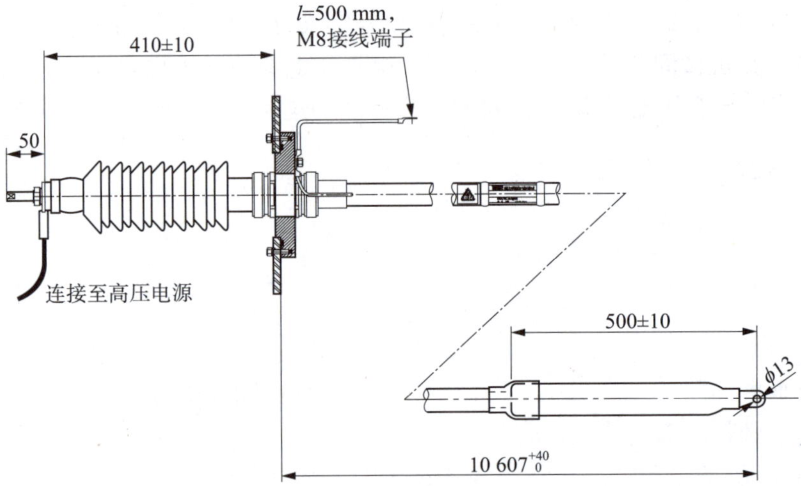

图4.24　GYDL4-1B高压电缆总成的结构尺寸及安装方式

GYDL4-2B高压电缆总成由1个户内终端、1根120 mm^2高压电缆和1个户外终端组成，其结构尺寸及安装方式如图4.25所示。

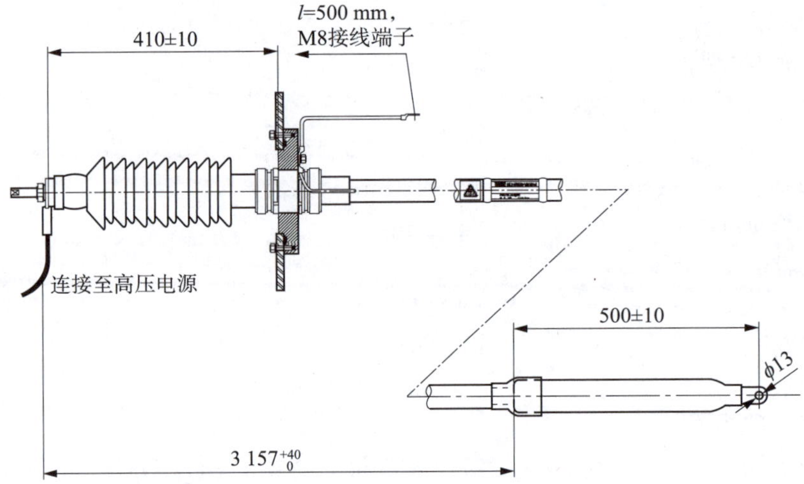

图4.25　GYDL4-2B高压电缆总成的结构尺寸及安装方式

GYDL4-3B高压电缆总成由1个户内终端、1根120 mm^2高压电缆和1个T形连接器组成，其结构尺寸及安装方式如图4.26所示。

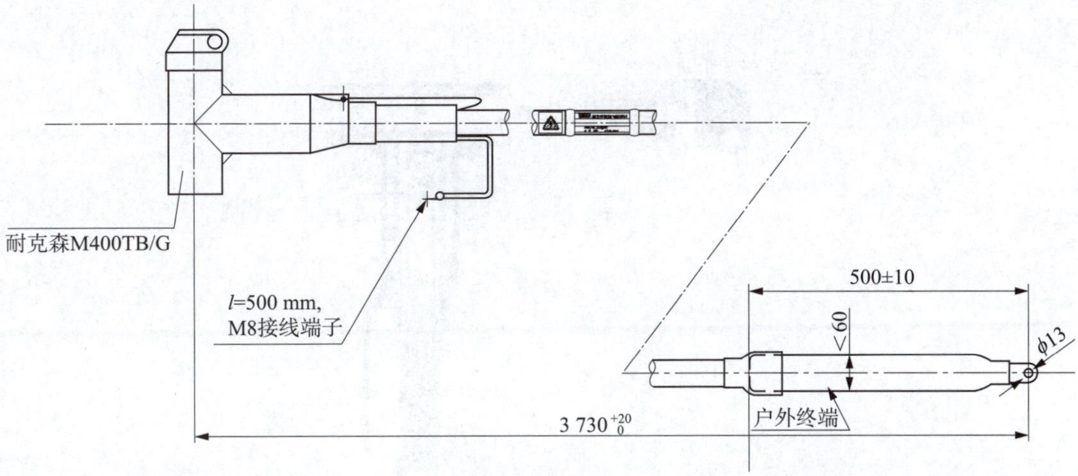

图 4.26 GYDL4-3B 高压电缆总成的结构尺寸及安装方式

4.10.2.2 户外终端

户外终端其主要为安装在车顶外部的电气部件(例如:受电弓)和车内部件(例如:主断路器、互感器)之间提供导电连接。外部伞裙由特殊热缩材料制成,具有很好的抗污染层和良好的物理特性。

4.10.2.3 户内终端

户内终端由应力控制片、热缩绝缘加强管等多层结构组成。

4.10.2.4 高压电缆

高压电缆的材料满足低烟、无卤、阻燃的特性,且具有良好的机械和电气性能,在安装时不需要采取其他保护措施。

电缆由导体、内半导体保护层、绝缘层、外半导体保护层、同心接地保护导体和护套组成,其中导体采用镀锡铜丝绞合而成,内、外半导体保护层材料为黑色橡胶化合物,绝缘层材料为 EPR 化合物,护套层采用红色无卤交联 EVA 材料,具体如图 4.27 所示。

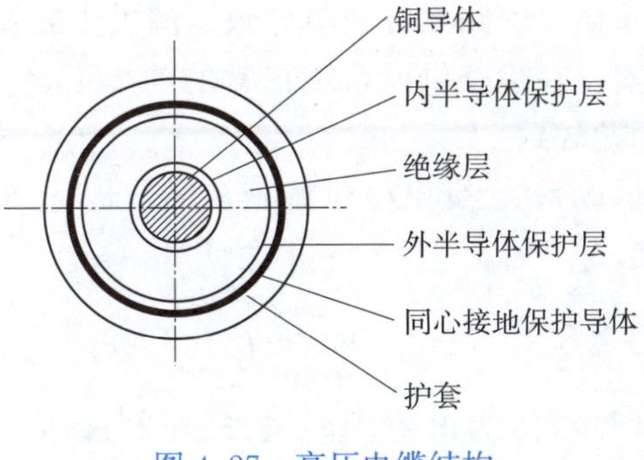

图 4.27 高压电缆结构

4.10.2.5 T 形连接器

T 形连接器(如图 4.28 所示),用来连接高压电缆和牵引变压器上的 A 端子。

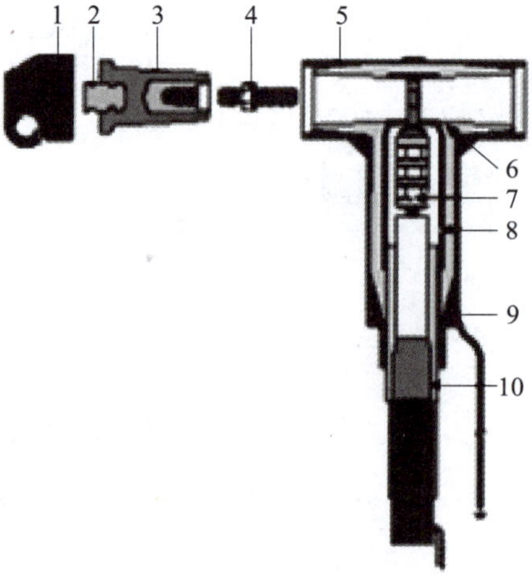

图 4.28 T形头结构组成

1—后盖；2—安装螺栓头；3—后堵头；4—双头螺栓；5—外接地屏蔽层；6—绝缘层；7—T形连接器接线端子；8—高压屏蔽层；9—接地接头；10—T形连接器应力控制管

4.11 典型故障分析及处理

典型故障:受电弓无法升起。

4.11.1 故障说明

故障现象为受电弓无法正常升起。

4.11.2 故障分析

受电弓无法正常升起,主要原因如下:

(1)供风系统因素。机车供风管路系统故障导致风源丢失或者风压不足。

(2)受电弓自身机械因素。在检查供风系统正常的前提下,受电弓仍无法正常升起,考虑是否受电弓自身机械卡滞问题导致。

(3)环境因素。在检查供风系统、受电弓机械正常的前提下,低温冰冻或者冻雨环境也可能导致受电弓无法正常升起。

4.11.3 处理方法

针对供风系统因素。常见故障为电磁阀漏风、减压阀漏风、升弓阀板等各气动件漏风、ADD 阀自动排风等,需要逐一排除并进行如下操作:

(1)确认升弓风缸压力是否达到 480 kPa 以上,若不足应启动辅助压缩机,将升弓风缸压力升至 680 kPa。

(2)检查升弓钥匙塞门(蓝钥匙)应在垂直开通位置,总风缸塞门在垂直开通位。

检查升弓模块塞门应在水平开通位置。

(3)检查两端升弓风路塞门应在垂直开通位置。

(4)重新闭合电钥匙,待 TCMS 微机屏启动完成后,闭合受电弓扳键开关或直接闭合主断扳键开关。

(5)检查两端司机室紧急停车按钮是否被按下,若被按下恢复为正常位。

(6)查看受电弓预选择,确认无受电弓被隔离,升另一端受电弓。

(7)处理无效,采取大复位处理。

(8)升弓前,必须确认 TCMS 显示屏启动完成后,方可闭合升弓扳键。

针对受电弓自身机械因素。应检查受电弓各机械连接部位是否卡滞,钢丝绳是否断裂。针对环境因素。可除去冰冻、适当加大气压升弓。

5 辅助电气系统

5.1 概　　述

电力机车辅助电气系统包括 3AC 380 V 电路、列车供电电路(仅客运方案)、辅助加热电路及控制电源电路等,主要为机车主电路提供冷却,为空气制动系统提供风源,调节司乘人员环境。辅助电气系统的正常工作与否直接影响到主电路的工作状态,是机车稳定、安全运行的关键。HXD3C 型电力机车配备了相应的辅助机组和辅助设施,构成了辅助电气系统。按每个辅助机组/辅助设施的使用要求,辅助电气系统分成下面五个负载组:

(1)辅助逆变器变频变压供电支路,负载包括 2 个牵引通风机组和 2 个冷却塔通风机组。

(2)辅助逆变器恒频恒压供电支路,负载有压缩机、水泵、油泵、空调等。

(3)DC 600 V 供电电路,可向客车车辆输出 DC 600 V 电源。

(4)辅助变压器供电 220 V 50 Hz/110 V 50 Hz 支路,负载包括暖风机、微波炉、前窗玻璃加热器、撒砂加热器、微机及变流器预加热等。

(5)蓄电池充电机直流负载供电支路,DC 110 V 负载包括蓄电池、照明灯、辅助压缩机、冷藏箱等。

3AC 380 V 辅助电路由 2 台辅助变流器和辅助风机、空调系统等负载系统组成,2 台辅助变流器分别从牵引变压器的 2 个辅助绕组取电,辅助绕组的电压为单相 399 V/50 Hz。

5.2 3AC 380 V 电路

机车设有两组独立的三相辅助电源,每组电源由辅助变流器 UA11、UA12(又称作 APU1、APU2)、滤波电抗、滤波电容、接触器、自动开关及对应辅机等构成。辅助变流器 UA11、UA12 都有变频变压(VVVF)和定频定压(CVCF)两种工作方式,可以依据连接的辅助电动机情况进行设置。机车正常运行时,辅助变流器 UA11 工作在 VVVF 方式,辅助变流器 UA12 工作在 CVCF 方式,分别为机车辅助电动机供电。每一台辅助变流器的额定容量是按照独立带整车辅机的情况设计的,因此正常情况下,辅助变流器 UA11、UA12 基本上以 50%的额定容量工作。3AC 380 V 辅助负载供电原理如图 5.1 所示。

当某一套辅助变流器发生故障时,不需要切除任何辅助电动机,另一套辅助变流器可以承担机车全部的辅助电动机负载。此时,该辅助变流器按照 CVCF 方式工作,辅助电动机系统按全功率运行,唯有两台压缩机中,只有操纵端压缩机可以投入工作,从而确保机车辅助电动机供电系统的可靠性。辅助变流器的故障转换控制由机车微机控制系统(TCMS)自动完成。辅助变流器的中间直流回路同时给 110 V 电源装置供电。辅助变流器 UA12 的输出还经隔离变压器，给司机室各加热设备及低温预热回路。辅助变流器内设有元器件过压、过流等保护。

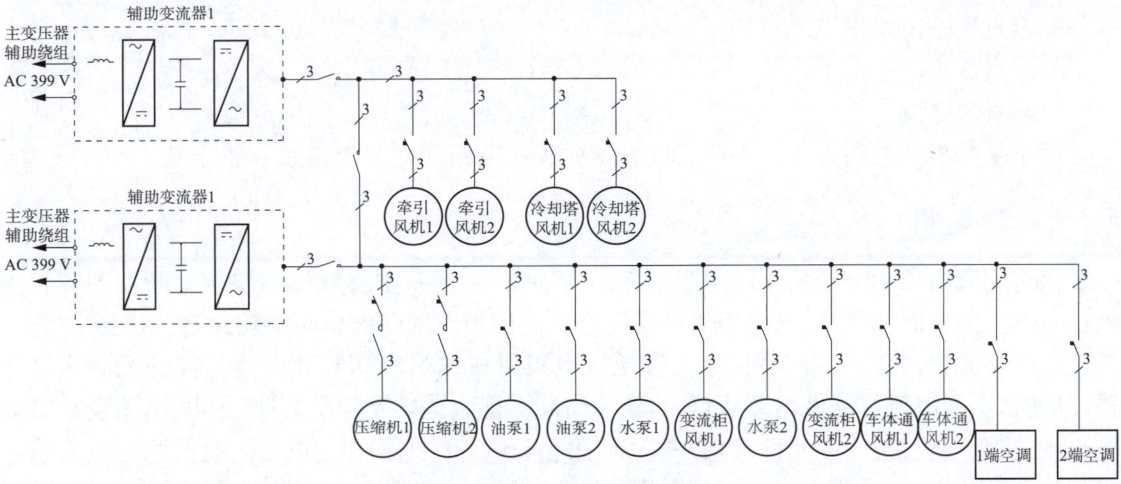

图 5.1　380 V 辅助负载电路原理

5.3　列车供电电路(仅客运)

为满足机车牵引客运车辆的需要，机车设有 DC 600 V 供电电路。该电路主要由 2 个 DC 600 V 电源柜 LG1、LG2 和供电连接器 XSA2～5 组成。其输入电源分别由主变压器 TM1 的两个辅助绕组(a9-x9)、(a10-x10)供电，经过整流单元整流后，在得到供电允许指令后可向客车车辆输出 DC 600 V 电源。列车供电电气原理如图 5.2 所示。

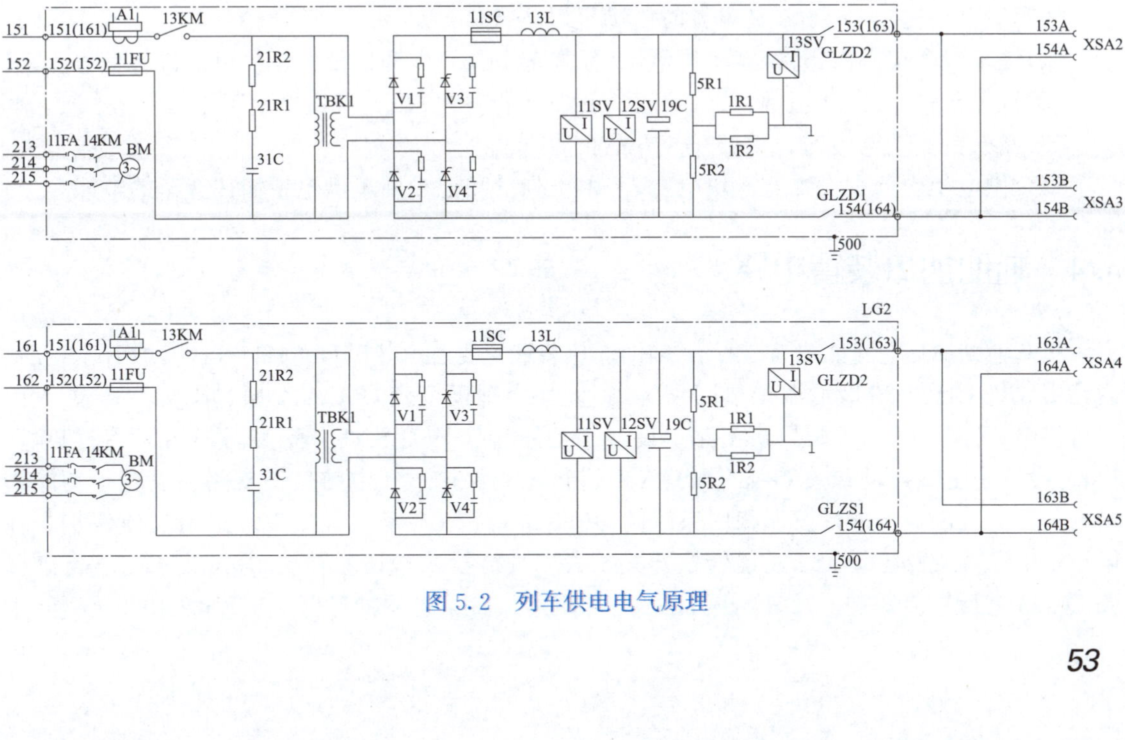

图 5.2　列车供电电气原理

单个列车供电柜的主要技术参数：

额定输出功率	400 kW
额定直流输出电压	600 V
额定直流输出电流	670 A
过载直流电流	750 A

列车供电柜的电路分为主电路、辅助电路、控制电路和电子电路四个部分。

5.3.1 主 电 路

额定交流电压 860 V 从 151/161、152/162 端输入，经真空接触器与快速熔断器到单相整流桥与电流传感器，通过供电柜柜内的滤波电抗器和柜内的滤波电容器输出直流电压 600 V。整流桥的交流侧，并联了由电阻、电容和压敏电阻组成的过电压吸收电路与控制用同步变压器。同时，在交流侧有元件击穿短路时，快速熔断器能快速熔断保护，分断主电路，避免故障的进一步扩大。整流桥内各元件两端并联 RC 用于吸收元件的换相过电压。直流侧还有空载电阻与检测用电流传感器，接地分压电阻 1R1、1R2、电压传感器用于接地保护。电压传感器 3SV、5SV 分别为控制箱 A、B 组提供电压反馈信号。

5.3.2 辅助电路

列车供电柜采用了功率元件整流及直流负载电阻与交流阻容保护，工作时会产生热量，此时需要进行冷却通风。柜内设置有一台三相交流 380 V 通风机，对柜内发热元件进行强制风冷。当通风机断路器未闭合时，不允许列车供电柜投入工作，以免损坏器件。

5.3.3 控制电路

控制电路由集控插座 JKXS1/JKXS2、控制箱 1/2、通信模块 HCM 以及电路表等组成。

列车供电柜输出 DC 600 V 电源时需满足以下条件：

(1)机车与客车通信正常：客车供电申请、客车 110 V 电源以及机车供电允许等信号正常。

(2)机车升弓、合主断正常，并且 APU2 正常工作，并发出允许供电柜工作信号。

(3)操纵台上供电钥匙 SA105/SA106 打“合”位。

每个供电柜内分别设置有一块电度表，用来测量和记录列车供电柜输往客车的电能。

5.4 辅助加热装置电路

机车辅助加热电路如图 5.3 所示，辅助加热装置主要有电热玻璃 EH11-14、脚炉 EH20-21、后墙暖风机 EH22-25 及低温预热回路等，它们均由辅助变流器 UA12 通过隔离变压器 AT1 进行供电。在脚炉、后墙暖风机支路上设置了功能转换开关 SA11、SA12，进行投入和切除转换，并设置了空气自动开关 QA31 和 QA32 进行过流保护。在电热玻璃支路上设置了功能转换开关 SA13、SA14，进行投入和切除转换，并设置了空气自动开关 QA34 进行过流保护。在微波炉 EH33 支路上设置了功能转换开关 SA15，进行投入和切除转换，并设置了空气自动开关 QA33 进行过流保护。另外，分别在 2 个司机室设置了电源插座 XS21、XS22 和在机械间中间走廊中部设置了 1 个电源插座 XS23，提供 220 V 交流电源。

机车辅助加热回路中，还设有低温预热回路，最初采用 DC 110 V 低温预热，机车一旦可以升弓合主断，辅助变流器可以工作，就转由 AC 110 V 低温预热。当机车需要低温预热时，首先闭合自动开关 QA60、QA72，接触器 KM22 闭合，将采用 DC 110 V 低温预热方式，对辅助变流器 APU1/APU2、110 V 电源装置 UC、TCMS 微机系统等进行加热。预热一定时间，当微机可以升弓合主断，辅助变流器正常工作后，继电器 KE11 和接触器 KM21 闭合，接触器 KM22 断开，转由 AC 110 V 进行低温预热，对辅助变流器 APU1/APU2、110 V 电源装置 UC、TCMS 微机系统、APU 等进行加热。通过闭合自动开关 QA73，可以对撒砂装置进行加热。通过闭合自动开关 QA74，可以对压缩机进行低温加热，通过温控开关 TR-1，可以实现压缩机低温加热的自动投入和切除，当压缩机进行低温加热时压缩机不能工作。在压缩机的控制回路里，还设有温度保护开关 TS-1 和压力保护开关 PS-1，通过其常闭连锁，实现对压缩机的安全保护。

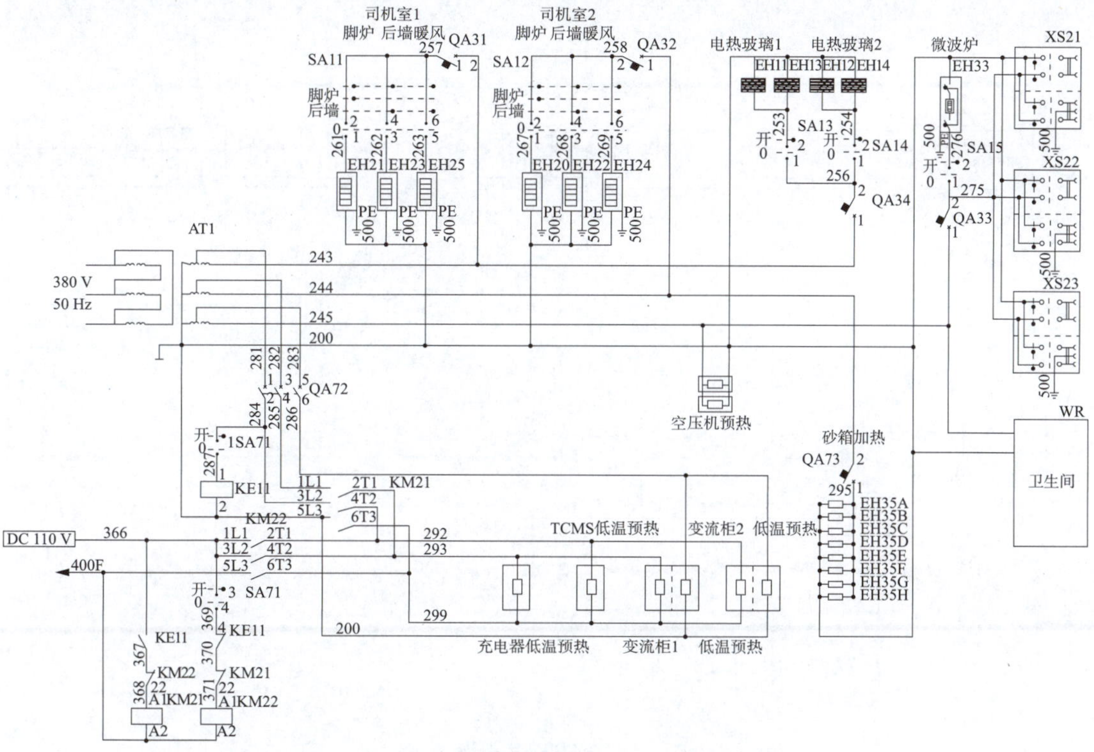

图 5.3 辅助加热负载电路原理

5.5 控制电源电路

5.5.1 控制电源的分配

机车控制电源由蓄电池电压经蓄电池自动开关 QA61 后与 110 V 电源装置并联提供。控制电路自动开关有:微机控制Ⅰ自动开关 QA41、微机控制Ⅱ自动开关 QA42、司机控制Ⅰ自动开关 QA43、司机控制Ⅱ自动开关 QA44、机车控制自动开关 QA45、主变流器自动开关 QA46、辅助变流器自动开关 QA47、列车供电柜Ⅰ自动开关 QA48、列车供电柜Ⅱ自动开关 QA49(QA48、QA49 仅在客运方案时执行)、制动柜自动开关 QA50、辅助设备自动开关 QA62、自动过分相自动开关 QA52、司机室照明自动开关 QA53、机械间照明自动开关 QA54、车外照明自动开关 QA55、监控系统自动开关 QA56,信号系统自动开关 QA57、机车电台自动开关 QA58、直流加热自动开关 QA60、头灯自动开关 QA51、电源装置自动开关 QA63、6A 系统自动开关 QA64 等。控制电源分配原理如图 5.4 所示。

在两端操纵台上设置了控制电源电压表 PV41、PV42,用于随时监视控制电源的电压情况,并且通过微机显示屏也可监视控制电源的电压情况。

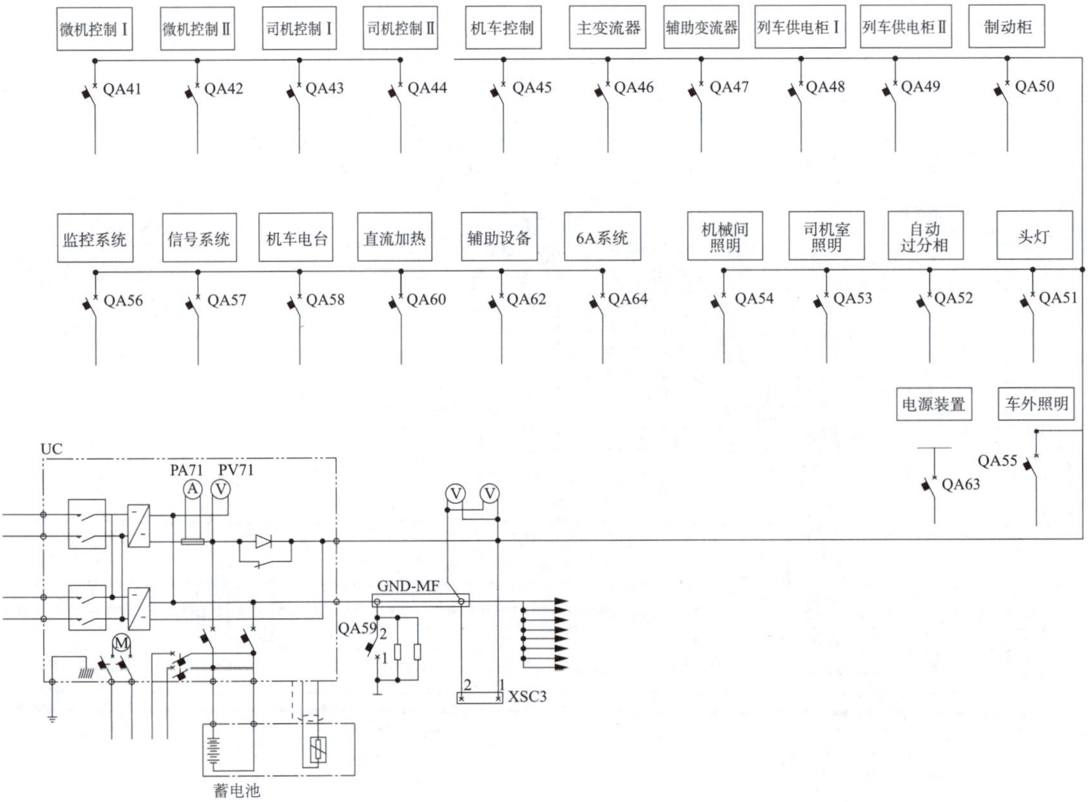

图 5.4　控制电源分配原理

5.5.2　110 V 电源装置的控制

110 V 电源装置可以通过 RS-485 网络向机车控制系统 TCMS 提供故障信息及输出电压、电流和蓄电池充放电电流等状态信息,并通过微机显示屏进行信息提示。

当 110 V 电源装置发生故障时,不仅通过 RS-485 网络向机车控制系统 TCMS 发出具体故障内容,同时也通过硬线向机车控制系统 TCMS 发送故障信号,“故障信号”为两路 DO 接口，其编码意义见表5.1。

表5.1 PSU故障信号定义

故障信息	423(A)	424(B)	状　态
装置工作正常(正常)	ON	ON	PSU1和PSU 2正常
一个单元故障，但不影响正常使用(警告)	ON	OFF	PSU2故障
一个单元故障，但不影响正常使用(警告)	OFF	ON	PSU1故障
装置故障，不能正常使用(故障)	OFF	OFF	PSU1和PSU2故障

5.6 辅助变流器

辅助变流器主要功能是将经主变压器辅助绕组输出的单相AC 399 V电压经整流及逆变后变成3相AC 380 V电压，为机车压缩机等辅助设备提供电源。

每台机车配置两台辅助变流器，其中一台为恒压恒频(CVCF)，一台为变压变频(VVVF)。正常工况下两台辅助变流器都工作时，CVCF工作于恒压恒频模式，VVVF工作于变压变频模式；当任意一台辅助变流器出现故障时，另一台只能工作于恒压恒频方式，为所有机车辅助负载供电。

5.6.1 辅助变流器技术参数

额定输入电压	AC 399 V(单相)
额定输入频率	50 Hz
直流中间回路电压	DC 750 V
元件类型	IGBT(1 700 V、1 200 A)
调制方式	四象限整流(输入)+PWM(输出)
恒频恒压变流器输出容量	230 kV·A
输出电压	AC 380 V(三相)
输出频率	50 Hz
变频变压变流器输出容量	230 kV·A
频率控制范围	0.2～50 Hz
电压控制范围	AC 2～380 V

5.6.2 电气原理说明

辅助变流器的电气原理框如图5.5所示。

辅助变流器输入电源分别由主变压器TM1的两个辅助绕组(a7-x7)、(a8-x8)供电，辅助绕组的电压为AC 399 V。中间直流回路通过一个预充电电路和整流单元供电。中间直流回路中包含有中间支撑电容，中间电压测量电路和辅接地保护电路。通过PWM逆变器，中间直流回路中的电能被转换为变频变压的三相交流电，经过滤波电路的滤波后提供给机车的辅助负载。

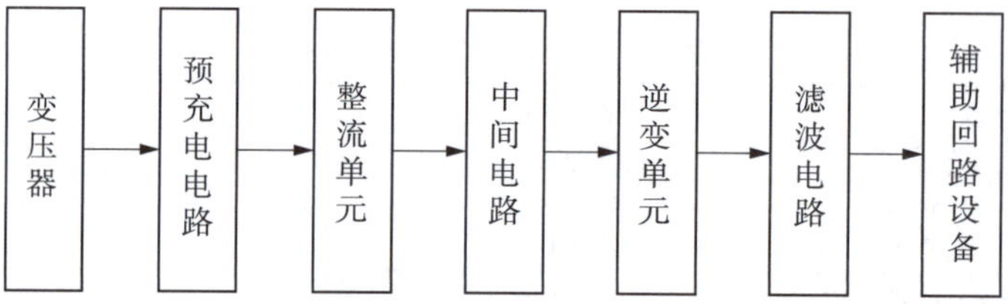

图 5.5　辅助变流器框

辅助变流器与牵引变流器一起集成在机械间变流柜中。辅助控制单元主要由 COV-CTR 及 INV-CTR 两部分构成，均位于辅助变流器柜内部，辅助控制单元和控制网络进行数据交换，完成网络指令对辅助变流器的控制及辅助变流器状态和故障信息的反馈。辅助变流器必须和必要的外部部件一起工作。

5.6.3　构造说明

辅助变流器由下列模块组成：预充电电路、四象限整流电路、中间直流回路、逆变电路、滤波电路、冷却电路。

下面将给出这些部件更为详细的说明。

(1)预充电电路

预充电电路由充电接触器 AK、工作接触器 K 和限流电阻 CHR 组成。当中间直流回路电压为零时，先闭合充电接触器 AK，主变压器的辅助绕组通过充电电阻向四象限整流器供电，给中间直流回路支撑电容充电。当中间直流电压建立后，闭合工作接触器 K，断开充电接触器 AK，在切除充电电阻的同时，继续向中间直流回路支撑电容充电，直至中间直流回路电压达到 750 V。至此，辅助变流器预充电过程完成。

(2)四象限整流电路

四象限整流单元是一个脉宽调制变流器，它将升压斩波与整流电路结合起来，使输入电流近似正弦波并与网压同相。其结构属于升压整流方式，输入电压低于输出电压，其输入侧功率因数较高，接近于 1，同时限制了谐波电流分量。因此与相控整流器比较，四象限整流器的功率因数高，谐波电流含量也小得多。采用 IGBT 作为其功率器件后，调制频率提高，当其输入端或输出端发生变化时，控制系统能很快做出响应，快速调节使输出保持稳定。

(3)中间直流回路

中间直流回路由中间电压支撑电容、中间电压测量电路和辅接地保护电路组成。每个辅助变流器的接地保护系统都是由跨接在中间回路的 2 个串联电容和 1 个接地信号检测传感器组成。辅助回路正常工作时，由于只有 1 点接地，接地保护电路中流过的电流为零，接地信号检测传感器无信号输出。当辅助电路某一点接地时则形成回路，接地检测回路有故障电流流过，传感器输出电流信号，使保护装置动作。保护发生时，相控整流器和逆变器的门极均被封锁，同时向微机控制系统发出跳主断的信号。可以通过接地故障转换开关，实施对接地保护的隔离。

(4)逆变电路

逆变器的任务是将直流电压转换成三相交流电压向负载电机供电，其输出方式既可以选择变压变频(VVVF)方式，也可以选择恒压恒频(CVCF)方式，以满足不同负载的需要。

(5)滤波电路

辅助滤波柜 LC 对辅助变流器输出的 PWM 波进行滤波，降低谐波含量，输出近似正弦波的三相交流电，向各类辅机供电。

(6)冷却电路

冷却水泵从 CVCF 辅助变流器输出端获取 3AC 380 V 电压，对辅助变流器系统进行强制水冷。保证系统功率器件正常运行。

在图 5.6 中，可以看到辅助变流器柜中重要部件的机械布置。

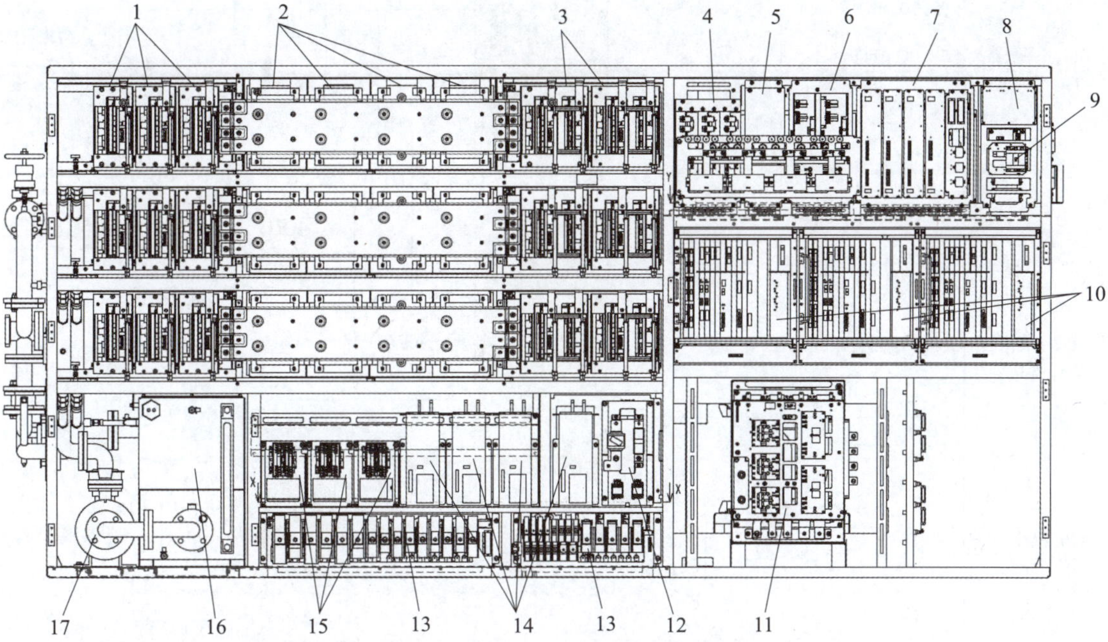

图 5.6 辅助变流器构成

1—逆变单元；2—滤波电容；3—整流单元；4—OVT 单元；5—DCPT 单元；6—APU 控制单元；
7—接口单元；8—高压指示灯；9—NFB；10—CI 控制单元；11—水冷 APU 功率单元；
12—熔断器和接触器；13—端子台；14—交流接触器；15—充电接触器；16—水箱；17—水泵

5.7 电 源 柜

5.7.1 主要电气技术参数

HXD3C 型电力机车电源柜的主要技术参数如下：

输入电压范围　　DC 675～825 V

控制电压范围　　DC 77～137.5 V

额定输出电流	90 A
额定工况输出电压	PSU1　DC 109 V(25 ℃)
	PSU2　DC 110 V(25 ℃)

5.7.2　电源柜原理说明

电源柜具有冗余功能,包含热备份的两套系统。每套系统由功率单元(PSU)及配套电路组成。可以做到故障单元自动切除,可靠保障系统供电不中断,可靠性高。说明电路如图 5.7 所示。

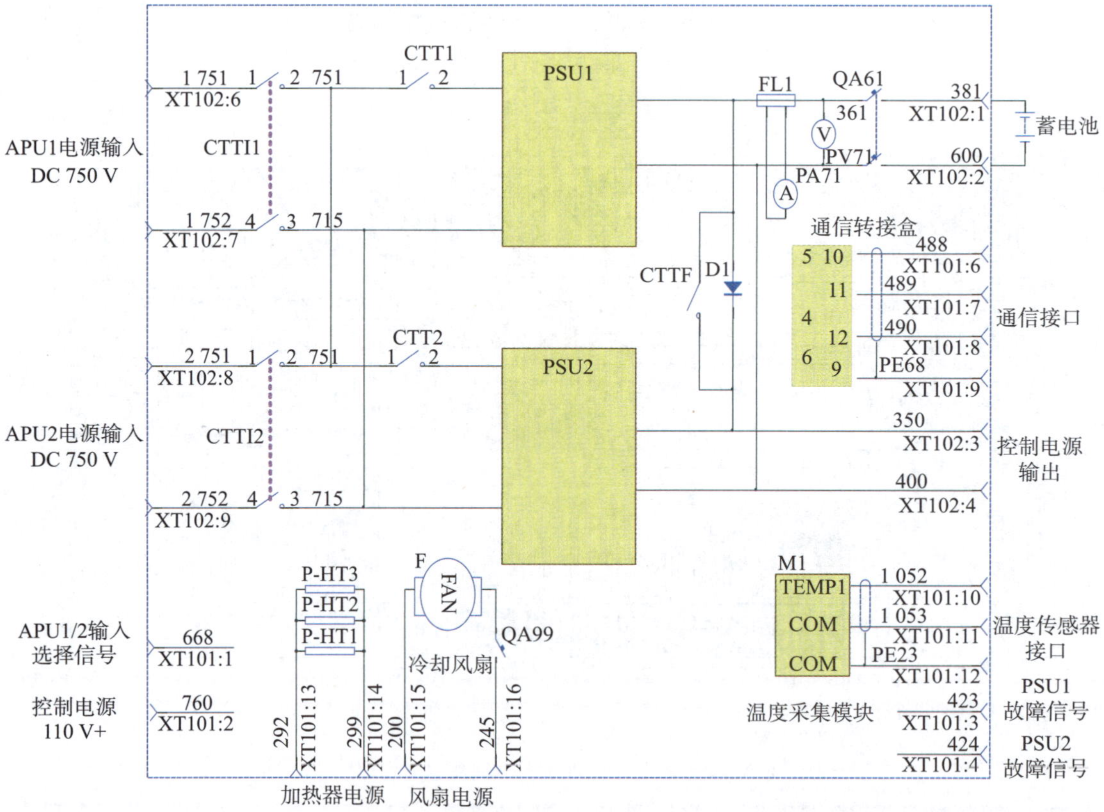

图 5.7　电源柜原理

5.7.3　电源柜构造说明

电源柜正面上方腔体有两个功率单元(PSU1,PSU2),统一安装在电源柜的上半部分。两个功率单元中间安装有辅助控制盘、仪表盘及操作开关,提供单元选择、充电管理、状态显示等功能。功率单元的下面安装有电加热器盘以备温度过低时使用。

电源柜正面下方腔体有电磁接触器盘、温度采集卡及对外接线用主电路端子台。电源柜背面腔体有直流电抗器、散热器、风扇及变压器部件。如图 5.8 和图 5.9 所示。

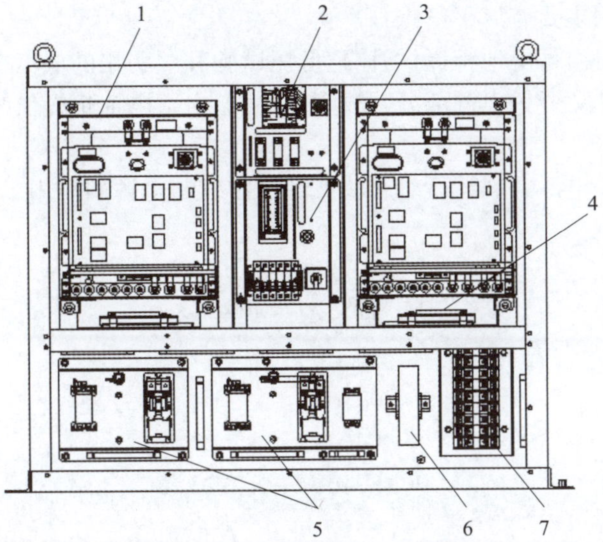

图 5.8　控制电源柜布局(正面)

1—功率单元;2—辅助控制盘;3—仪表盘及操作开关;4—电加热器盘;5—电磁接触器盘;6—温度采集卡;7—主电路端子台

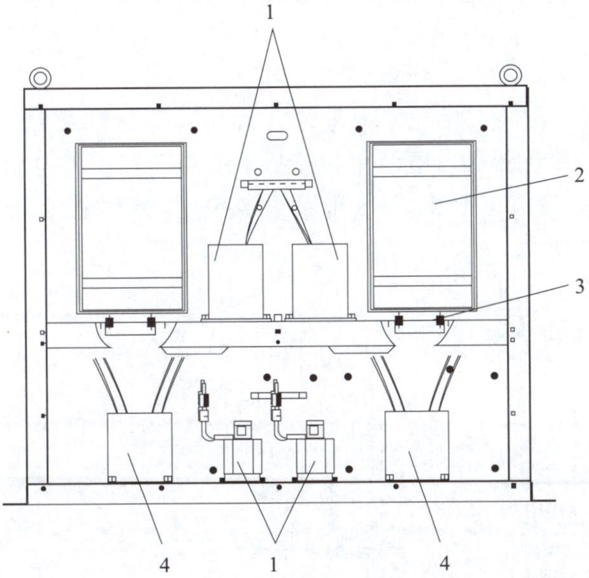

图 5.9　控制电源柜布局(背面)

1—直流电抗器;2—散热器;3—风扇;4—变压器

5.8　蓄电池柜

蓄电池柜(含蓄电池)作为机车上备用控制电源和启动电源,它与电源柜并联运行,起着十

分重要的作用,其作用主要有以下三点:

(1)当机车启动时由蓄电池柜提供升弓、低压试验和照明用的低压电源。

(2)当运行中 110 V 开关电源部分因故障切除时,由蓄电池柜提供维持机车故障运行的控制电源。

(3)与 110 V 开关电源并联运行时起滤波和稳定控制电源的作用。

5.8.1 技术参数

外形尺寸	宽×深×高=1 320 mm×528.5 mm×1 000 mm
总质量	约 1 000 kg
防护等级	IP10
额定电压	96 V
工作温度	−40～+70 ℃

5.8.2 工作原理

蓄电池柜中的 48 节单体蓄电池正—负、正—负串联相接组成机车控制电路所需的 96 V 直流电源系统,其额定安时量仍为单体安时量即 170 A·h。当蓄电池柜不能输出电流时,此时蓄电池柜整个连接电路中某处存在断路,其判断方法为测量蓄电池组总电压,总电压为零时电路断路。

5.8.3 构造说明

机车采用阀控式免维护铅酸蓄电池作为控制系统启动和后备电源,每节蓄电池标称电压 2 V,容量为 170 A·h。每节车上装有 48 节蓄电池串联,标称电压 96 V,采用浮充电方式工作,蓄电池柜如图 5.10 所示。

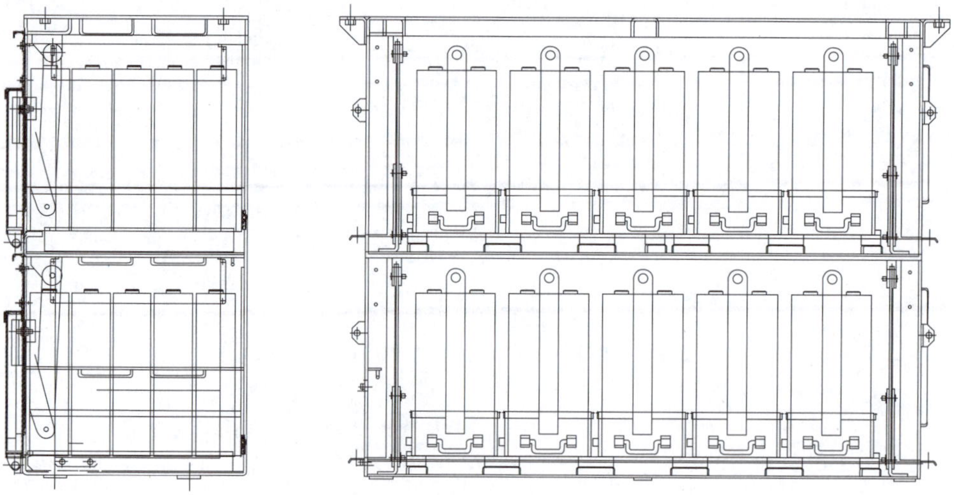

图 5.10 蓄电池柜

5.9 辅助机组

机车安装了2台通风机组、2台复合冷却塔、2台空气压缩机、2台辅助空气压缩机组。

5.9.1 通风机组

牵引风机(型号:BAF-80A、THTF8.0)是为牵引电机提供冷却空气的装置。

5.9.1.1 技术参数

全压	≥3 600 Pa(20 ℃状态下空气密度为1.2 kg/m^3)
流量	5.5 m^3/s(20 ℃状态下空气密度为1.2 kg/m^3)
额定转速	2 950 r/min
安装形式	立式
最大功率	35 kW
额定频率	50 Hz
额定电压	AC 380 V
绝缘电阻	500 V兆欧表≥10 MΩ
绝缘强度	工频耐压1 800 V,1 min无击穿、闪络现象
质量	500 kg

5.9.1.2 牵引风机组基本原理

牵引风机为轴向离心式风机,主要由风机叶轮、三相交流异步电动机、机壳、导风罩等零部件组成。

机车顶部的冷空气经进管道引入到风机进口,空气轴向进入叶轮,经过叶轮的加速后径向吹出。气流在主风筒的阻碍下改变方向变成轴向流出,进入风机出风管道。

冷空气经风机和风道进入牵引电机,将牵引电机运转时产生的热量带至机车外。牵引风机形成足够的压力升高,克服空气入口阻力、牵引风机自身阻力,风道阻力和牵引电机的阻力,并使空气流量达到散热的要求。

机车逆变器提供可变电压和频率的电源,使风机形成可调的转速,提供可变的空气流量,满足牵引电机在不同工作状况下的冷却要求。

5.9.1.3 牵引风机电机结构

牵引风机电机结构如图5.11所示。

5.9.2 复合冷却塔

复合冷却塔通过车顶风道吸入冷却空气,给牵引变流器的冷却水、主变压器的冷却油进行冷却,然后再将冷却空气从机车底部排出。

5.9.2.1 复合冷却塔技术参数

冷却方式	强迫水、油循环风冷方式
总散热量	≥230 kW,其中水散热器≥100 kW
油散热器	≥130 kW

强迫通风量	7.5 m^3/s
总风阻	不大于 850 Pa
水流量	12 m^3/h
油流量	48 m^3/h
进口温度	风温 40 ℃，水温 66 ℃，油温 85 ℃
压力损失	水散热器≤40 kPa（400 mbar）（水温 60 ℃时）
	油散热器≤60 kPa（600 mbar）（油温 85 ℃时）
质量	400 kg

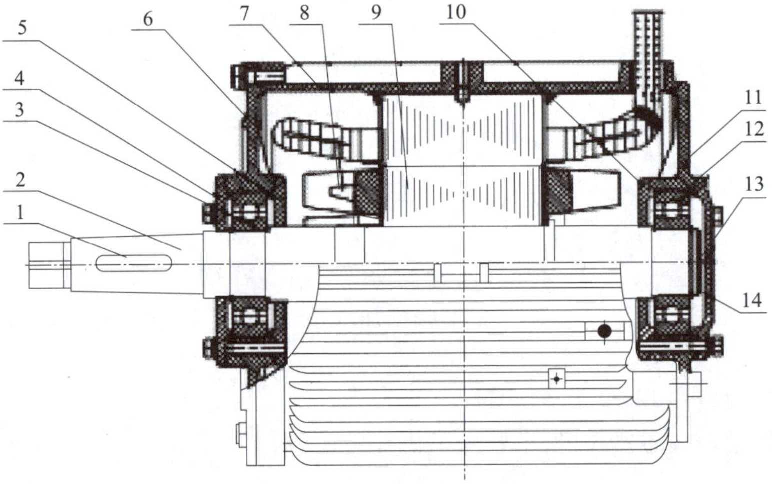

图 5.11　牵引风机电机结构

1—键；2—轴；3—前轴承；4—前轴承外盖；5—前轴承内盖；6—前端盖；7—电机机座；8—平衡柱；9—铸铝转子；10—后轴承内盖；11—后端盖；12—后轴承；13—后轴承外盖；14—轴承挡圈

5.9.2.2　复合冷却塔基本原理

冷却塔用于散发由牵引变流器和变压器所产生的热量，油水冷却塔冷却原理如图 5.12 所示。

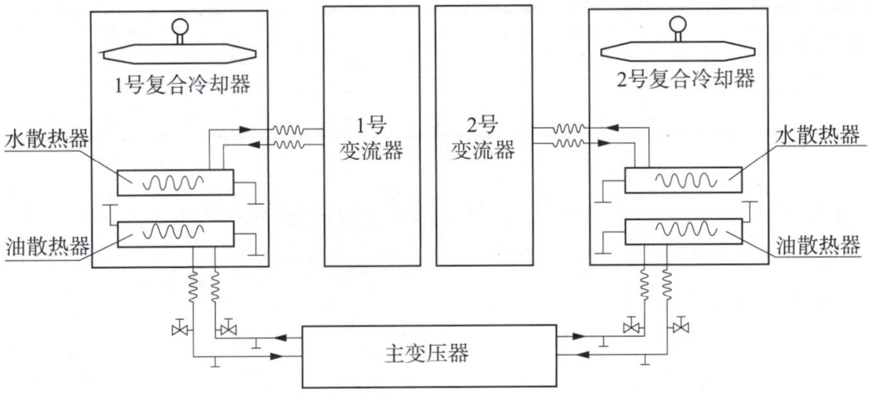

图 5.12　油水冷却塔冷却原理

为减小体积和质量，将主变压器的冷却油和牵引变流器的冷却水(纯水和乙二醇混合液)共用一套具有强制通风冷却的复合冷却系统。每台机车安装有两台复合冷却器组，斜对称布置在机车中心线的两侧。每台复合冷却器组负责对一台牵引变流器的水和主变压器一半油的冷却。

复合冷却器组内的通风机从车顶吸入冷却空气，经冷却通风机，过渡风道进入复合冷却器，先冷却上层牵引变流器的冷却水，然后冷却下层主变压器的冷却油，最后冷却空气从机车底部排出。

每节机车安装有两台复合冷却器。这种“复合冷却”技术是利用被冷却油水介质的工作温度不同，将水散热器和油散热器制作成共用一组空气冷却翅片的冷却装置，冷却空气先冷却温度相对较低的水，再冷却温度相对较高的油。这样既可以满足冷却需要，还具有冷却效率高、流体阻力少、体积小、质量轻、结构紧凑的特点。

5.9.3 水　　泵

冷却水泵用于把散热器出口处的水抽入到变流柜中，以形成冷却系统的水路循环。水平、单程、非密封蜗形套离心泵，后出口设计，带有全封闭式灌装电机，适用于工业工程。

5.9.3.1 技术参数

功率	3.0 kW
电压	AC 380 V
频率	50 Hz
流量	8 A
启动电流	27 A
流量	12 m^2/h
扬程	20 m
外壳防护等级	IP55
电机转向	逆时针方向

5.9.3.2 水泵工作原理及结构

水泵结构如图 5.13 所示。

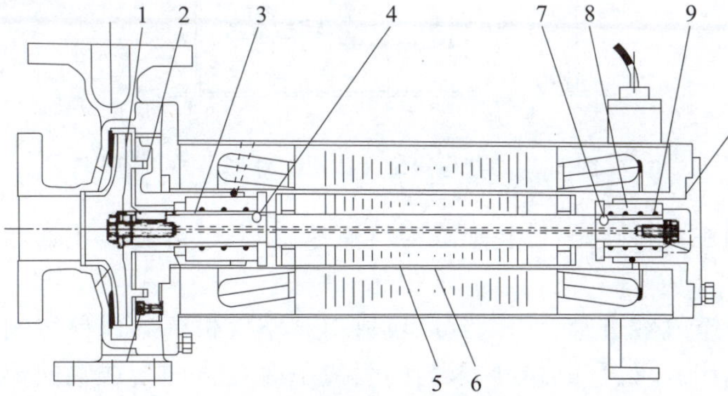

图 5.13　水泵结构

1—叶轮；2—FB 端盖；3—前侧轴承；4—轴套；5—定子屏蔽套；6—转子屏蔽套；7—轴；8—后轴套；9—后侧轴承；10—RB 端盖

输送液体的一部分从叶轮的出口→FB 端盖的小孔→定子屏蔽套与转子屏蔽套的间隙→后侧轴承与后轴套之间的间隙→RB 端盖→轴中心的贯通孔→叶轮的入口低压部。通过 FB 端盖小孔的循环液，一部分从前侧轴承和轴套之间的间隙→FB 端盖和叶轮的轮毂部构成的节流孔→叶轮的低压部。此循环液对轴承的润滑、冷却及对电机冷却起着非常重要的作用，保证了水泵的安全运转。

5.9.4 复合冷却通风机组

复合冷却通风机组安装在油水冷却塔中，为冷却塔散热器提供冷空气，以带走机车变流装置和变压器产生的热量。

5.9.4.1 技术参数

额定风量	7.5 m^3/s
额定风压(静压)	1 495 Pa
叶轮直径	ϕ665 mm
额定输出功率	20 kW
额定电压	AC 380 V
额定频率	50 Hz
额定转速	2 930 r/min
质量	300 kg

5.9.4.2 复合冷却通风机组结构及原理

复合冷却通风机组外形如图 5.14 所示。

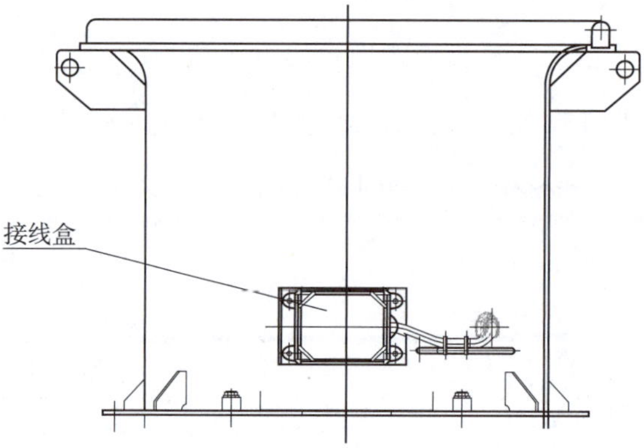

图 5.14 复合冷却通风机组外形

复合冷却通风机组主要特点是:叶轮形式为斜流螺旋桨式，叶轮修正为两面修正，以提高风机性能和效率。

风机机车顶部的冷空气经进管道引入到风机进口。空气进前导风筒组轴向进入叶轮，经过叶轮的加速后径向吹出。气流在后导风风筒的阻碍下改变方向变成轴向流出，进入冷却塔散热器。

冷空气经风机进入冷却塔散热器，将冷却塔运转时产生的热量带至机车外。冷却塔风机形成足够的压力升高，克服空气入口阻力、冷却塔风机自身阻力，散热器的阻力，并使空气流量达到散热的要求。

冷却塔风机电机结构与牵引风机电机结构相同。

5.10 机车照明

机车照明分为车内照明和车外照明两个部分。

每台车的车外照明包括两个前照灯（Ⅰ端和Ⅱ端各一个前照灯），四个辅照灯（两个位于Ⅰ端司机室前端，两个位于Ⅱ端司机室前端）、四个标志灯（两个位于Ⅰ端司机室前端，两个位于Ⅱ端司机室前端。

5.10.1 机车外部照明

5.10.1.1 前照灯

前照灯由氙灯构成。

前照灯的控制开关布置在司机室操纵台扳键开关组上。前照灯具有强光和弱光功能。

前照灯的布置如图5.15所示。

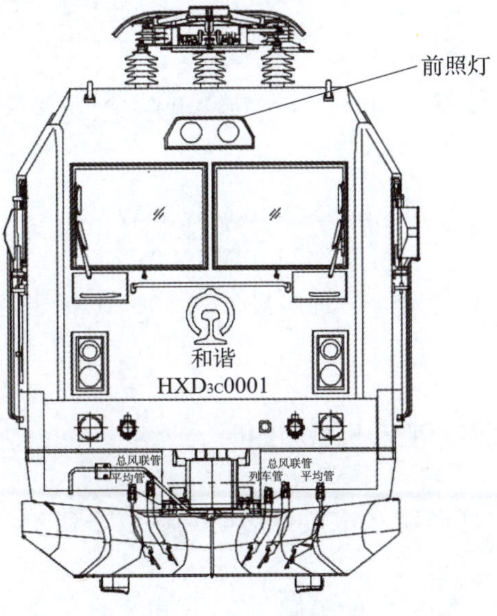

图5.15 前照灯布置

前照灯技术参数：

工作电压	DC 110 V(−30%～+25%)
额定功率	2×50 W(双50 W氙灯)
光源	氙灯
光源寿命	大于2 500 h

5.10.1.2　辅照灯和标志灯

标志灯和辅照灯采用整体式结构。每套灯具包括一个辅照灯和一个标志灯。

辅照灯和标志灯的控制开关布置在司机室操作台扳键开关组上。

辅照灯和标志灯在司机室前端的布置图 5.16 所示。

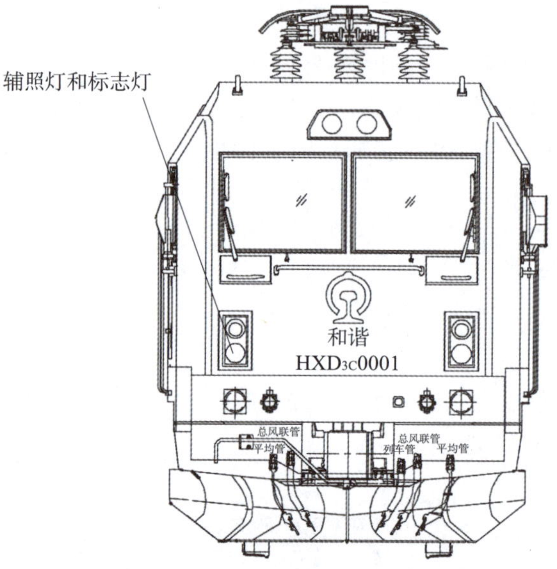

图 5.16　司机室辅照灯和标志灯布置

技术参数：

辅照灯	DC 110 V/100 W
标志灯	DC 110 V/21 W
发光强度	辅照灯＞75 000 cd；标志灯＞20 cd

5.10.2　机车内部照明

机车内部照明包括司机室照明和机械间照明。

5.10.2.1　司机室照明

司机室照明包括司机室灯照明和记点灯照明。在每个司机室有两个司机室灯和两个记点灯。

司机室灯和记点灯布置于司机室的顶棚，其中司机室灯位于司机座椅的正上方，记点灯位于操纵台平台的主、副司机的正上方。

司机室灯的控制开关布置于司机操纵台主台面的扳键开关布置，记点灯的控制开关为转换开关，布置于司机操纵台前方的仪表座上。

司机室灯技术参数：

机车司机室顶灯

额定电压	DC 110 V
额定功率	2×18 W(长灯)；18 W(短灯)

记点灯

工作电压	DC 110 V(－30%～＋25%)
额定功率	3 W
光源	LED

5.10.2.2　机械间照明

机械间内安装有 6 个机械间灯，机械间灯通过位于司机室司机操纵台上的走廊灯转换开关控制。

机械间灯的技术参数：

额定工作电压	DC 110 V
额定功率	18 W(短灯)；2×18 W(长灯)

5.10.3　侧面照明

机车提供了 2 个供侧面照明的行灯插座及 1 个辅助库用插座(客运 DC 600 V，货运 AC 380 V)。

5.11　辅助电器

5.11.1　后墙暖风机

后墙暖风机安装在司机室后墙处，左右各安装 1 个，由加热系统和通风系统组成，是司机室辅助加热装置，在冬季空调系统制热量不足时，给司机室辅助加热。通过司机室中柜上的司机室取暖器模式选择开关进行控制。

5.11.1.1　后墙暖风机的技术参数

输入功率	1.5 kW
额定电压	1AC 220 V，50 Hz
冷却剂	空气
绝缘电阻	
冷态(室温)条件下	＞50 MΩ
湿热条件下	＞2 MΩ
温度	－40～＋70 ℃
寿命	不低于 10 000 h
噪声	≤60 dB

5.11.1.2　后墙暖风机的结构及原理

后墙暖风机由风机、加热元件、电源板、继电器和温度控制元件组成，电源经接线端子接入。加热电源及风机电压为 AC 220 V，50 Hz。电源接通时，系统正常工作。

后墙暖风机的结构如图 5.17 所示。

后墙暖风机电气原理如图 5.18 所示。

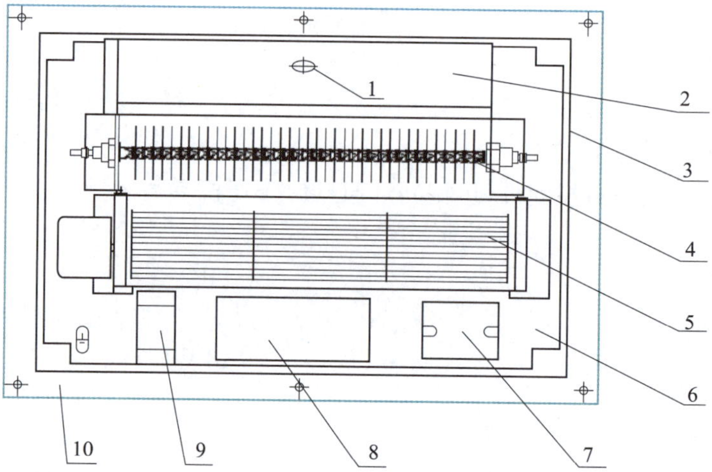

图 5.17　后墙暖风机结构

1—温控器；2—风道；3—壳体；4—发热单元；5—横流风机；6—安装板；
7—固态继电器；8—电源板；9—接线板；10—盖板

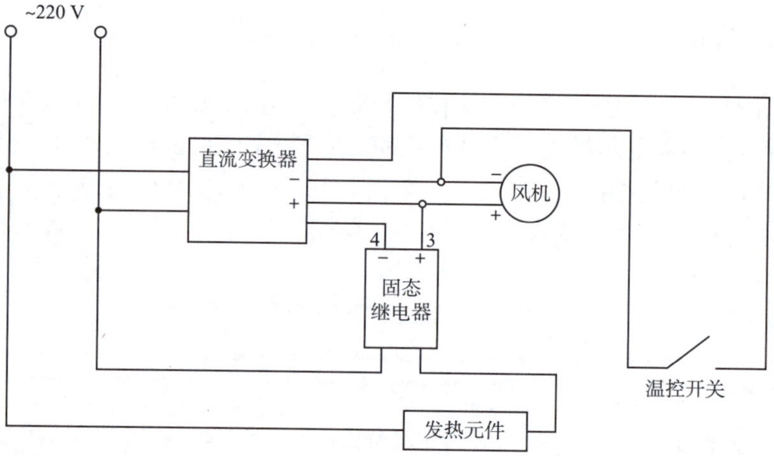

图 5.18　后墙暖风机电气原理

5.11.2　卫 生 间

卫生间布置在机械间内，采用微机控制技术，用于收集和暂存排泄物，卫生间内部还装有洗手台、镜子、脚炉等，为司乘人员提供一个人性化的如厕环境。

5.11.2.1　卫生间技术参数

交流电	1AC 220×(1±20%) V/50 Hz
功率	≤3 kW
直流电	110×(1±20%) V
功率	≤200 W

水箱容量　　　　　　　　　≥15 L
气压　　　　　　　　　　　0.5～1 MPa

5.11.2.2　卫生间的结构

卫生间由卫生间柜体、坐便器、管道、污物箱、水箱、取暖器和其他附件构成，结构如图 5.19 所示。

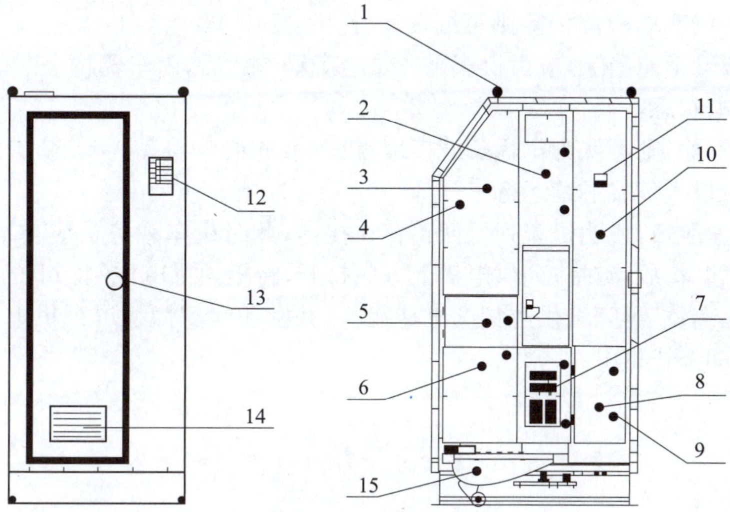

图 5.19　卫生间结构

1—吊环螺钉；2—电气柜；3—水箱柜；4—水箱；5—加粉口；6—粉剂柜；7—暖风机；8—收集柜；9—垃圾箱；10—处理柜；11—照明/排风开关；12—指示面板；13—门锁；14—通风口；15—洁具

5.11.3　冷藏箱、微波炉

为适应长大交路运输的需要，HXD3C 型电力机车上还配备了冷藏箱和微波炉，为了方便适用，安装在司机室操纵台内，冷藏箱采用 DC 110 V 供电，微波炉采用 AC 220 V 供电。

5.12　典型故障分析及处理

典型故障：列车供电装置接地。

5.12.1　故障说明

机车受电弓升起，主断路器闭合后，列车供电装置运行时报出接地故障。

5.12.2　故障分析

列车供电装置接地故障分 3 种故障情况：
(1)若故障接地点在列车供电装置内部，则通过转换供电单元即可消除故障。
(2)若故障接地点是车辆的负载侧，则需要与车辆沟通查找接地故障点。

(3)若机车列供回路存在接地，则通过将柜内供电控制箱上的接地扳钮开关由“投入位”转至“隔离位”。

5.12.3 处理方法

(1)如果运行中出现一路供电接地故障时，断列车供电钥匙，利用列车供电断路器进行一次复位，看故障是否消除，复位后未消除可在供电柜内将对应故障列供柜控制箱转换开关(A/B 组)转为另一组，若故障消除则可继续运行。

(2)若接地故障不能消除，应由机车乘务员与车辆沟通后，由车辆将全部负载短时间切断，机车处于空载供电状态：

若接地故障消除，则可认为车辆负载接地，机车乘务员应与车辆沟通，查找车辆接地点并隔离接地点，然后投入负载继续运行。

若依然报接地故障，说明机车列供回路存在接地，此时机车乘务员应与车辆进行沟通后，乘务员断供电钥匙，将故障对应列供电柜上方门打开，将柜内供电控制箱上的接地扳钮开关由“投入位”转至“隔离位”再闭合供电钥匙维持运行，并密切注意微机屏列供电电流、电压显示，有异常波动则立即停止供电。

6 通风、冷却系统

6.1 概　　述

通风冷却系统是电力机车上一个重要的部分，它的主要作用是对机车上需要进行散热的电气设备（或冷却器）进行强迫通风冷却，使其工作温度在许可范围内，从而保证机车的可靠工作。

司机室空调通风系统的作用是为司机提供一个舒适的工作环境。

6.2 机车通风方式

机车采用独立通风系统，主要包括：牵引电机通风支路、复合冷却通风支路、列车供电柜通风支路、司机室通风支路、空压机通风支路和机械间通风支路，通风系统如图 6.1 所示。

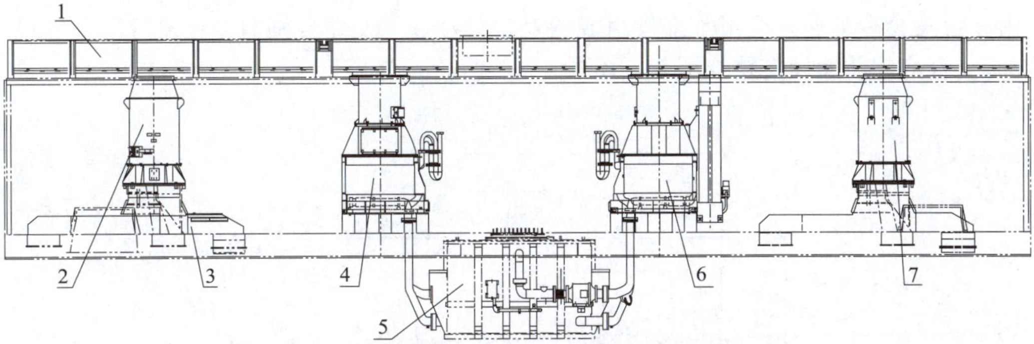

图 6.1　机车通风、冷却系统

1—顶盖过滤器；2—牵引通风机组；3—车体风道；4—复合冷却通风机组；
5—主变压器；6—复合冷却通风机组；7—牵引通风机组

6.2.1　牵引电机通风支路

牵引电机通风支路由 2 台通风机来完成，每台通风机分别冷却 3 台牵引电机，车外的空气经过滤器、进气间、通风机、风机底座，并在风机底座分成 3 个通风道，分别通过软管和牵引电机的入口相连接，牵引电机通风支路如图 6.2 所示。

每组牵引电机通风支路空气走向如下：

车外大气→离心沉降式过滤器→棕纤维过滤器→车顶进气间→通风机→风机底座→车体

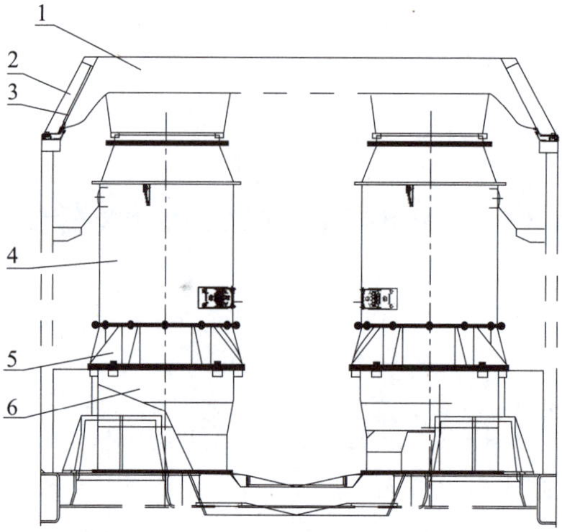

图 6.2　牵引电动机通风系统

1—离心沉降式过滤器；2—棕纤维过滤网；3—牵引通风机组；4—过渡风道；5—风机底座；6—车体风道

风道→牵引电机→车底大气。

牵引电机通风机由变流器提供变频电源，机车控制系统根据机车工况，自动调节其运行电压和频率，来改变风机的转速，以使风量适合于牵引电机当时的冷却需求。

6.2.2　复合冷却通风支路

由 2 台复合冷却通风机组等部件组成的复合冷却通风支路分别对 2 台复合冷却器进行通风冷却，复合冷却器通风支路如图 6.3 所示。

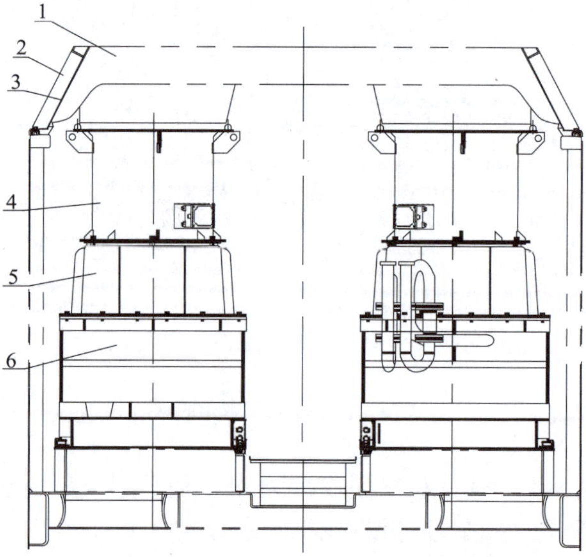

图 6.3　复合冷却器通风支路

1—车顶进气间；2—离心沉降式过滤器；3—板式粗滤器；4—通风机；5—异径风道；6—复合冷却器

每台复合冷却通风支路的冷却空气走向如下：

车外空气→离心沉降式过滤器→板式粗滤器→车顶进气间→通风机→异径风道→复合冷却器→车底大气。

复合冷却器风机由变流器提供变频电源，机车控制系统根据机车工况，自动调节其运行电压和频率，来改变风机的转速，以使风量适合于变压器和牵引变流器当时的冷却需求。

6.2.3 列车供电柜通风支路

列车供电柜通风支路的作用是采用强迫风冷方式对供电柜的功率开关器件和电抗器等发热电器件进行冷却。全车共有 2 个列车供电柜，由于供电柜不允许冷却空气中含有水珠及灰尘，故采用机械间内进气方案。

每台列车供电柜通风支路的冷却空气走向如下：

机械间进气→列车供电柜→车体底架→大气。

6.2.4 空压机散热通风支路

空压机散热采用机械间进气，冷却空压机后，冬季热空气排到车内，并由车体排气口排出车外；夏季热空气直接通过风道排出车外，空压机散热通风支路如图 6.4 所示。

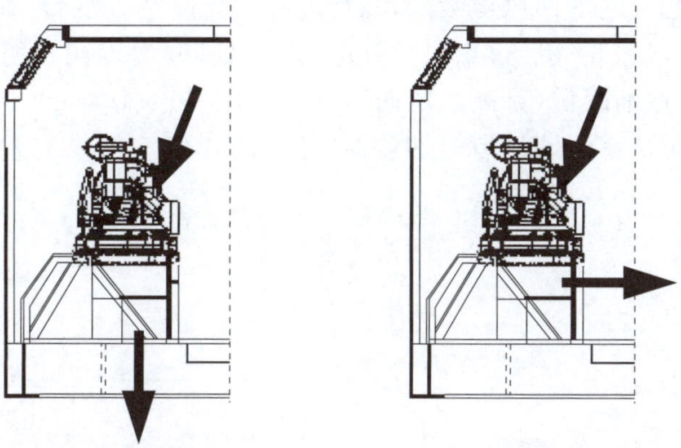

(a)夏季散热通风模式　　(b)冬季保温通风模式

图 6.4　压缩机散热通风支路

6.2.5 机械间通风支路

在机械间两端顶部布置了 2 个车体通风机，其主要作用首先是保证机械间始终保持微正压，约为 70 Pa；其次是提供空压机、卫生间等所需的清洁空气；最后是带走机械间电器设备所散发的热量。

机车运行过程时，冷却空气由车体通风经过离心沉降式过滤器吸入，风扇吹入机械间的风量约 3 m^3/s，通过车体底架排出的风量约 1 m^3/s，将机械间的热量带走，实现空气对流，保证机械间的温度在合适范围。机械间通风支路如图 6.5 所示。

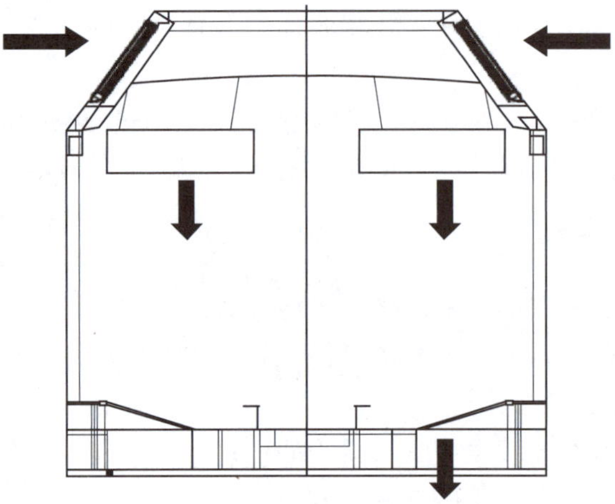

图 6.5　机械间通风支路

6.2.6　司机室空调通风支路

HXD3C 型电力机车司机室通风采用单元式空调机组，司机室内的循环空气由空调机组内的通风机组经过装有滤尘网的回风道吸入，并与外界的新鲜空气混合，在通过空调机组内的蒸发器（电加热器）后，冷（热）空气经过出风口处的可调出风栅送入司机室内。制冷（制热）系统连续工作，使车内温度逐渐降低（升高），从而达到制冷（制热）、除湿的目的，车内空气温度由控制器自动进行控制。司机室后墙设有电加热器，冬季为司机室提供温暖的环境。司机室通风支路如图 6.6 所示。

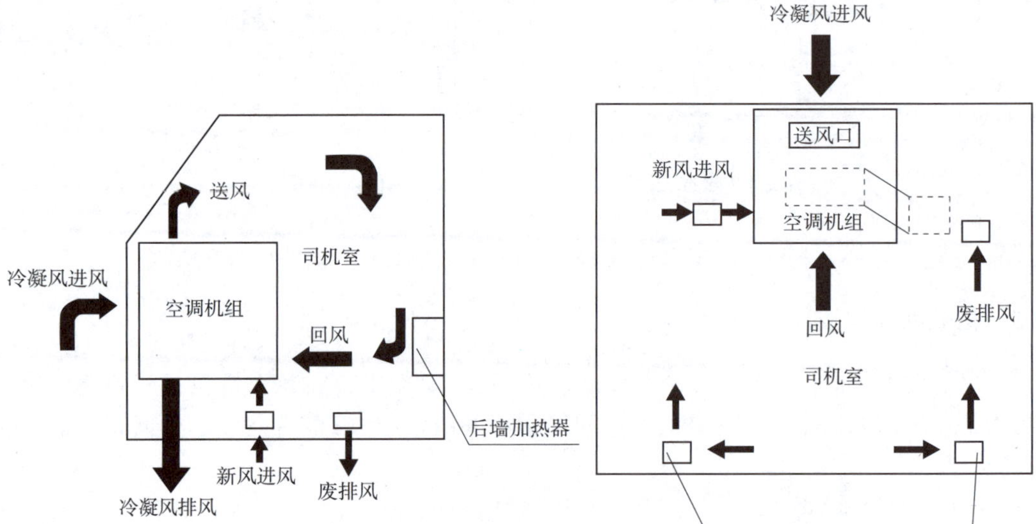

图 6.6　司机室空调通风支路

空调机组的主要技术参数如下：

形式	内置单元式
型号	TTK14C-4.5GD
制冷量	4.5 kW
制热量	5.1 kW
电源	主回路 AC 380 V 50 Hz
	控制回路 DC 110 V
	库用电源 AC 380 V 50 Hz
制冷功率	2.3 kW
制热功率	6.5 kV·A
循环风量	700 m^3/h(高速)，480 m^3/h(低速)
新风量	60 m^3/h
冷媒	R134a
噪声	满足 TB/T 2866—1997 中第 4.5.11 条要求

6.3　过滤除尘装置

由于牵引电机通风冷却要求空气的过滤精度较高，故采用离心沉降式过滤器＋棕纤维过滤器的二级过滤方式，以提高过滤效率和精度，增强防雨性能。而在其他通风系统(机械间进气、复合冷却进气等)中仅采用离心沉降式过滤器，即可满足使用要求。

6.3.1　离心沉降式过滤器

整车的进气系统均采用离心沉降式过滤器，对各支路所需要的空气进行过滤，过滤器安装在机车的顶盖进气间中。

离心沉降式过滤器结构示意如图 6.7 所示，离心沉降式过滤器断面如图 6.8 所示。

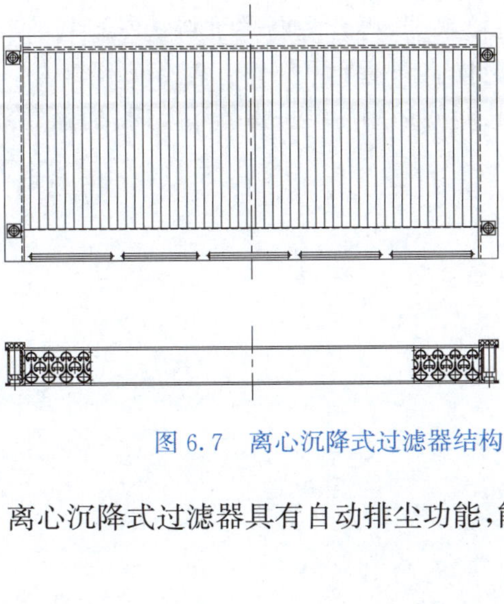

图 6.7　离心沉降式过滤器结构

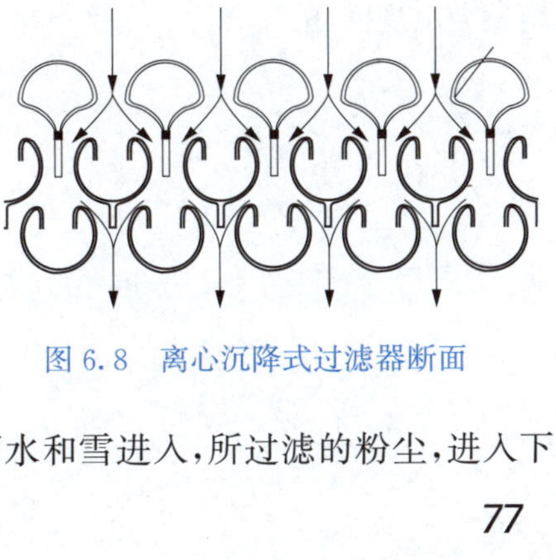

图 6.8　离心沉降式过滤器断面

离心沉降式过滤器具有自动排尘功能，能有效阻挡雨水和雪进入，所过滤的粉尘，进入下部的集尘槽，并由排尘口排出，无需清洗和维护。

6.3.2　棕纤维过滤器

棕纤维过滤器作为通风系统中的精滤器，阻力小，容尘量大。滤器采用板状结构，其主要过滤材料为喷涂乳胶的棕纤维，喷涂乳胶主要是使松散的棕纤维更加紧密，密度、孔隙均匀，并且乳胶还具有一定的粘接能力，使过滤精度更高。

6.3.3　侧墙板式粗滤器

侧墙板式粗滤器安装在复合冷却器通风支路中，其主要作用是夏季可以有效地过滤空气中的柳絮及漂浮物，该滤器为板式钢丝网结构，阻力小，安装简单，清洗方便。

6.4　典型故障分析及处理

典型故障：牵引风机故障。

6.4.1　故障说明

机车主断路器闭合后，司机室微机屏报出“牵引风机故障”，辅助配电柜“牵引风机”断路器无法闭合。

6.4.2　故障分析

机车运行时，牵引风机发生绕组短路、接地、轴承抱死等问题时，风机电流瞬间增大，此时牵引风机断路器断开，就会出现司机室微机屏报出“牵引风机故障”，辅助配电柜“牵引风机”断路器无法闭合的情况。

6.4.3　处理方法

机车运行过程中牵引风机故障，首先手柄回零位断开主断路器，通过微机显示屏手动切除对应转向架 3 台牵引电机，其次断开对应牵引风机接触器，再合主断并维持机车运行，回段后解体通风机检查叶轮、电机以及轴承，及时处理或更换有问题的零部件。

通风、冷却系统采用独立通风冷却技术，机车长时间运用后维护保养不及时，通风、冷却系统就会出现问题。

7 微机网络控制系统

7.1 概　述

HXD3C 型电力机车控制监视系统，采用标准化、模块化设计原则，机车控制监视系统（简称 TCMS）的核心任务是：根据司机指令完成对主变流器及异步电动机的实时控制、辅助变流器的实时控制、牵引/制动特性控制、传动系统的时序逻辑控制，显示机车运行状态，具备完整的故障保护、故障记忆及显示功能，并具有一定程度上的故障自排除、自动切换和故障处理指导功能。

7.2 机车网络系统结构

HXD3C 型电力机车的控制系统以 HXD3 型电力机车控制系统为基础，结合 HXD3C 型电力机车通信需求量大等特点进行了优化。TCMS 包括 1 个主控制装置和 2 个显示单元，主控制装置中采用冗余设计，设有两套控制环节，一套为主控制环节（Master），一套为热备控制环节（Slave）。当主控制环节（Master）发生故障时，备用控制环节（Slave）立即自动投入工作。

网络通信总体以 RS-485 总线为主，外重联通过基于 UDP 协议的以太网通信，系统构成示意如图 7.1 所示。

7.2.1 控制系统主要部件及其功能

7.2.1.1 TCMS 系统控制主机

机车控制监视系统主控装置在硬件上主要由电源模块、逻辑运算控制部分、数字量输入/输出部分、模拟量信号采集部分、通信部分等组成。主控制单元采用 32 位 CPU，并在配置上采取冗余、双机热备措施，以提高系统的可靠性。

TCMS 控制主机主要完成下列功能：

顺序逻辑控制：如升、降受电弓，分、合主断路器，司机控制器的换向、牵引、制动的转换，主、辅变流器的启停控制，机车库内动车逻辑控制，辅助变流器库内试验逻辑控制等。

机车特性控制：采用恒力矩准恒速牵引特性控制和恒力矩电制动特性控制，实现对机车的控制要求。

定速控制：根据机车运行速度，可以实现牵引工况下机车恒定速度控制。

辅助电动机的控制：除空气压缩机外，机车各辅助电动机根据机车准备情况，在外部条件具备的前提下，由 TCMS 发出指令，与辅助变流器同时启动、运行。空气压缩机则根据总风缸压力情况，通过控制接触器的分合来实现控制。

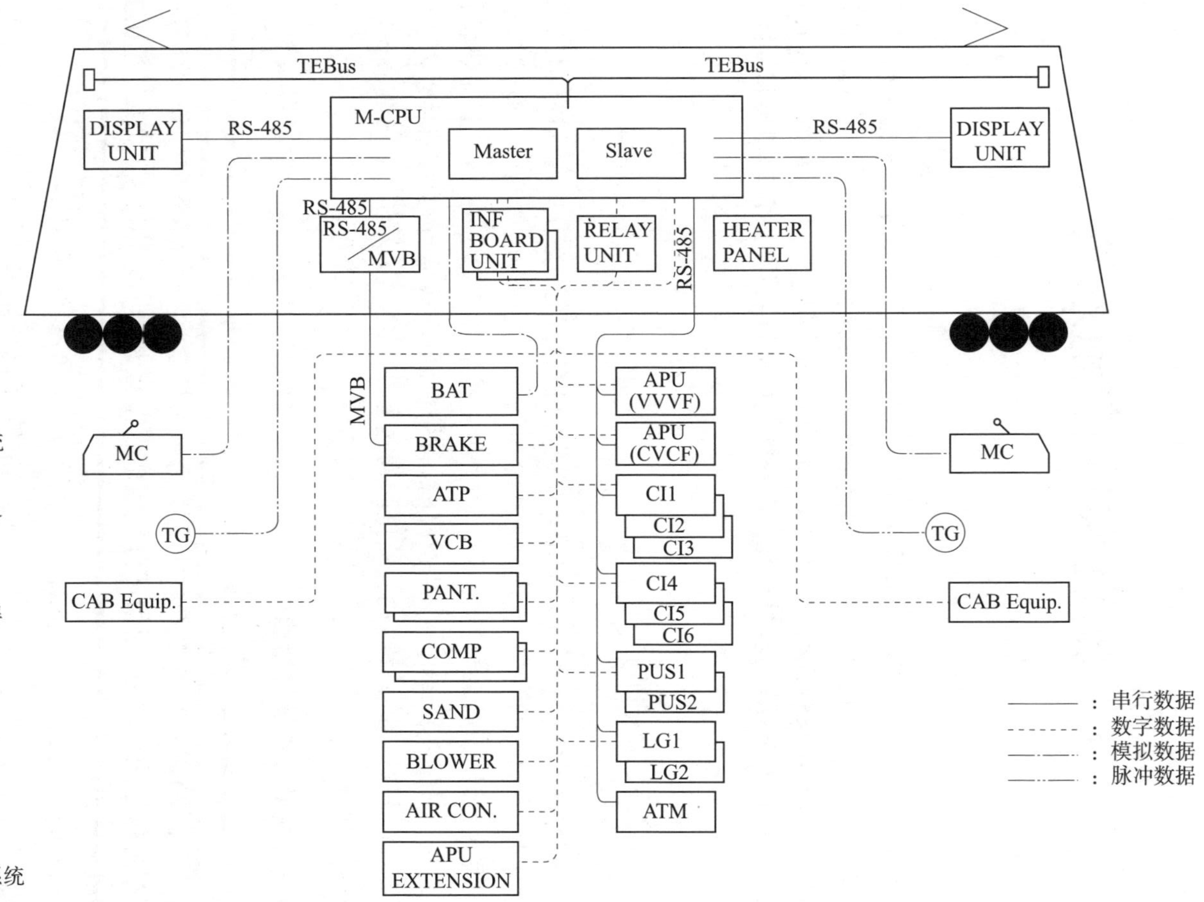

AIR CON：空调设备
APU：辅变流器
ATM：轴温监控
ATP：列车自动保护系统
BAT：蓄电池
BLOWER：风机
CAB Equip：司机室设备
CI：主变流器单元
COMP：空压机
CVCF：定压定频
DISPLAY UNIT：显示屏
IN：接口
LG：列车供电单元
Master：主系统
M-CPU：主控制单元
MC：司控器
MVB：多功能车辆总线
PANT：受电弓
PSU：功率单元
SAND：撒砂
Slave：从系统
TCMS：列车控制监控系统
TG：速度传感器
VCB：主断路器
VVVF：变压变频

图 7.1　微机系统构成

故障诊断、显示与保护:通过设在司机室的微机屏显示机车正常运行的状态信息,如:网压、原边电流、机车工况、级位、机车牵引力、机车速度等;设备工作状态,如:主变流器、辅助变流器等;设备开关状态,如:主断路器、辅助接触器、各种故障转换开关;显示机车即时发生的故障信息,发生故障的设备、故障处理的方法等,并记录故障发生时的有关数据。

7.2.1.2 TCMS系统显示屏

机车采用集中式微机控制系统(TCMS),微机控制柜将机车主变流器、辅助变流器、控制电器柜、司机室控制开关等电器的信息汇总,通过分设在Ⅰ端、Ⅱ端司机室的微机显示屏进行各种信息显示。

(1)显示屏界面结构

显示模式主要可以分为运行模式和维护模式两大类。模式转换部分框如图7.2所示。

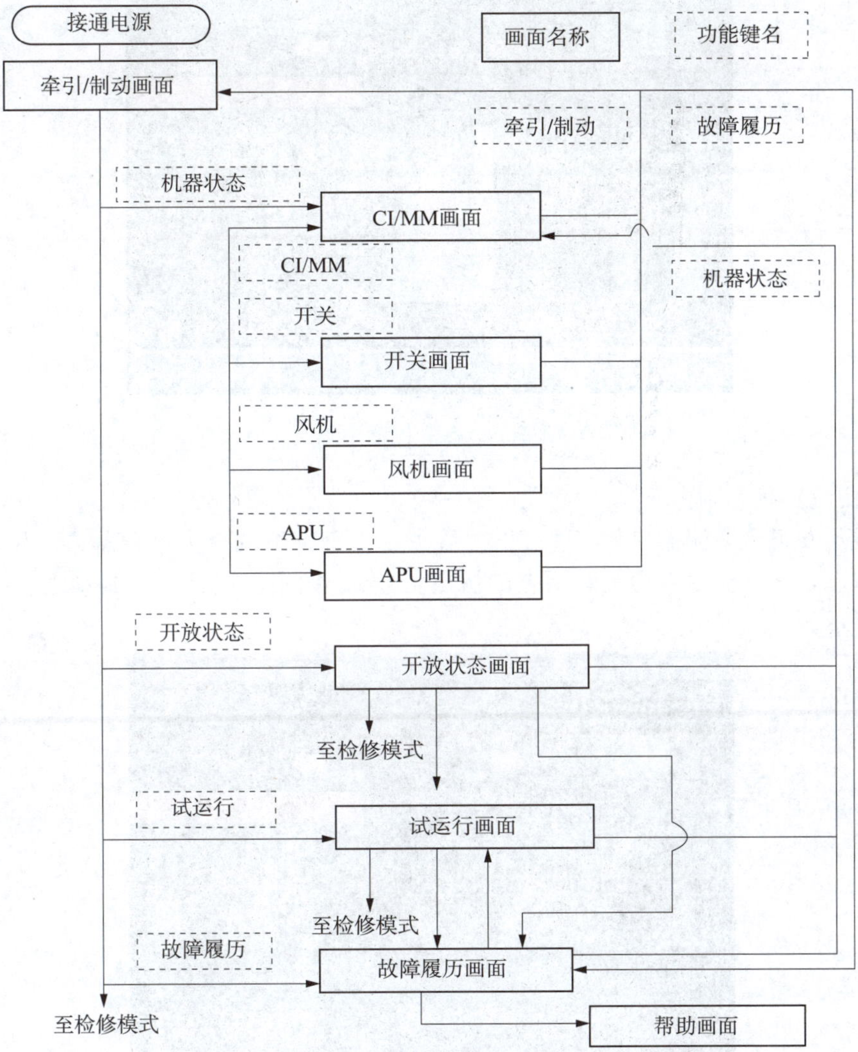

图7.2 模式转换部分框图

(2)运行模式(主显示画面)

主要显示机车运行工况:电钥匙位置、受电弓状态、主断路器状态、机车运行方向、牵引/制动工况、机车速度、司机控制器级位、是否定速、是否重联。牵引/制动主画面如图 7.3 所示。

接触网电压、主变压器原边电流、蓄电池电压、6 台牵引电动机牵引/制动力。

机车故障信息:主变压器 MT,6 组主变流器单元 CI1、CI2、CI3、CI4、CI5、CI6,2 组辅助变流器单元 UA11、UA12,2 台牵引通风机 MA11、MA12,2 台复合冷却器通风机 MA13、MA14,2 台空气压缩机 MA19、MA20,2 台变压器油泵 MA21、MA22,2 台机械间通风机 MA23、MA24,2 台主变流器水泵 MA29、MA30。机车自身出现故障时,在故障信息区显示相应故障信息。机车自身无故障时,故障信息区无任何显示。

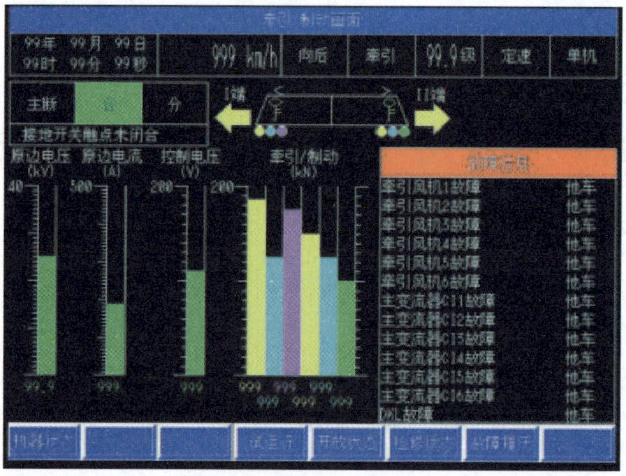

图 7.3　牵引/制动主画面

(3)主变流器状态画面

主要显示 6 组主变流器单元 CI1、CI2、CI3、CI4、CI5、CI6 的充电接触器 AK 和工作接触器 K 的闭合状态,中间电压,对应的牵引电动机电流、转子频率,电机牵引/制动力。变流器画面如图 7.4 所示。

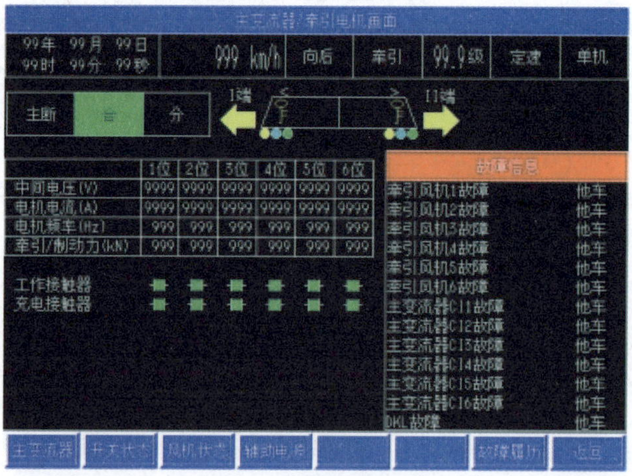

图 7.4　变流器画面

(4)辅助电源画面

可以显示辅助变流器的工作情况，2 套辅助变流器的输出电压、输出电流、输出频率，辅助电源画面如图 7.5 所示。

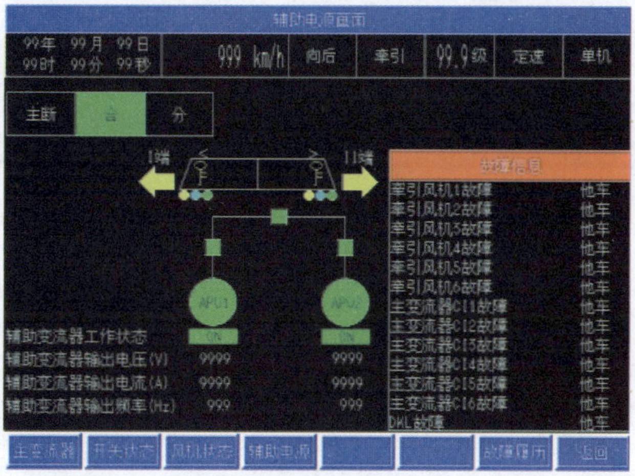

图 7.5　辅助电源画面

(5)故障履历画面

进入故障履历画面，如图 7.6 所示，可以查看机车近期发生的 300 个故障的情况，有故障编号、故障名称、故障发生时间、故障恢复时间、发生故障时的机车状态(有接触网电压、主变压器原边电流、机车牵引/制动、级位、机车速度)，以及故障处理说明。

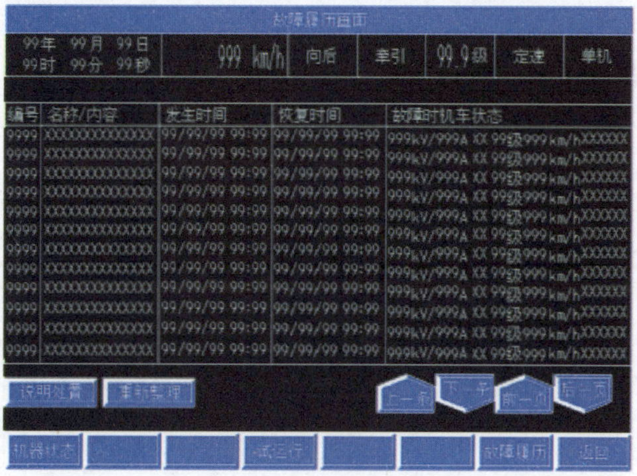

图 7.6　故障履历画面

在故障履历画面上有一个“故障处理说明”触摸键，可以通过触摸进入故障处理画面，机车微机控制系统给出了针对该故障的几种故障处理建议。

7.3　系统通信网络

HXD3C 型电力机车网络控制系统为集中式计算机体系结构，按功能可划分为列车控制级、车辆控制级和传动控制级。网络系统拓扑结构如图 7.7 所示。

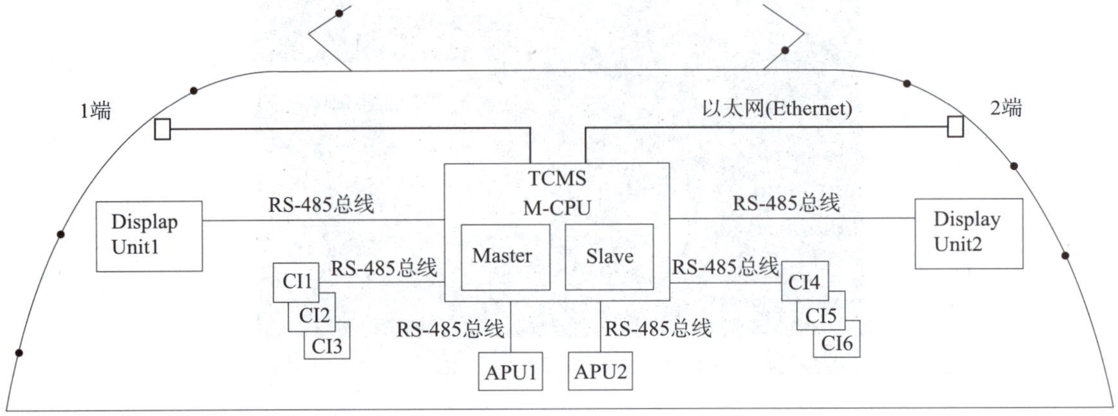

图 7.7　网络系统拓扑结构

TCMS(Train Control and Monitoring System)—列车控制监视系统；
Display Unit1、2—显示单元 1、2；CI(Convertor/Inverter)1～6—主变流器；
APU(Auxiliary Power Unit)1、2—辅变流器；M-CPU—主控制单元；
Master—主系统；Slave—从系统。

每台车为 1 个基本运转单元，车内以 TCMS 为中心，分别与显示单元、主变流器、辅变流器通过 RS-485 接口进行通信，构成星形网络；车与车之间采用总线式 10 Mbit/s 以太网进行信息传输。TCMS 同时完成列车级信息与车辆级信息的转换。

7.3.1　网络特点

(1)HXD3C 型电力机车网络控制系统是包含列车级功能、车辆级功能和传动控制级功能的多计算机系统。列车及车辆级功能由 TCMS 实现，传动控制级功能由 CI 来实现。

(2)系统具有功能强大的多处理器体系，能进行设备的自诊断。系统配置与编程基于强大的软件工具。

(3)车辆级控制设备构成星形网络，通过 RS-485 接口进行点对点的通信。中心结点 TCMS 具有 Master、Slave 两套系统，采用双机热备的机制，保证了网络系统的可靠性。

(4)机车与机车之间采用总线式 10 Mbit/s 实时以太网传输信息，传输速度快、传送数据量大。传统的以太网是一种非集中控制的、基于总线的广播式网络，采用 CSMA/CD(载波监听与多路访问/冲突检测)工作机制，即总线上的每个节点如果监听到信道空闲就可以传送数据帧，并继续监听下去，一旦监听到发生冲突，就立即放弃该数据帧的发送，并等待一段随机的时间，然后再次尝试发送数据帧。这种机制容易造成数据的传输时延，在重载情况下，甚至会使网络崩溃、瘫痪。因此，传统的以太网无法满足列车通信实时性、可靠性的要求。HXD3C 型电力机车采用的实时以太网是基于 UDP/IP 协议开发的半双工通信网络。总线上各个节点信息由令牌控制，按照先后顺序以广播的形式定周期发送，因此避免了冲突的产生。它的传输速率为 10 Mbit/s，接口为符合 IEEE 802.3 标准的串行链路，传输介质是双绞屏蔽线。该实时以太网具有传输速率高、实时性强、结构简单、造价低廉、易于维护等特点。

7.3.2 网络控制系统的组成与功能

HXD3C 型电力机车网络控制系统包含控制监视系统装置(TCMS)、主变流器(CI1～CI6)、辅变流器(APU1、APU2)、显示单元(Display Unit1、Display Unit2)。TCMS 即是车辆级控制核心，又是列车级的控制节点，在整个机车控制中占有主导地位。TCMS 与各控制设备的通信接口性能参数见表 7.1。

表 7.1 TCMS 与各控制设备的通信接口性能参数

适用范围	接口	通信制式	传输速率	协议
与显示单元	RS-485 串行链路	4 线/全双工	38.4 kbit/s	基于 HDLC 协议
与 CI	RS-485 串行链路	2 线/半双工	100 kbit/s	基于 HDLC 协议
与 APU、PSU、LG	RS-485 串行链路	2 线/半双工	9.6 kbit/s	基于 HDLC 协议
与它车 TCMS	IEEE802.3 串行链路	半双工	10 Mbit/s	UDP/IP

7.3.3 信息流向

TCMS 通过各种人机接口接收司机控制命令，采集各种反馈信号，进行相关运算，生成相应控制命令，通过 RS-485 接口发送给主变流器、辅变流器完成相应功能；通过实时以太网发送给它车的 TCMS，并由该 TCMS 发送至它车的主变流器、辅变流器执行相应操作。各车内的主变流器、辅变流器的状态信息以相反的方向传输至 TCMS 进行汇总和处理。TCMS 将计算结果、故障信息、有关参数发送至显示单元显示，从而完成整车的控制、监视和保护功能。信息流向如图 7.8 所示。

7.4 网络控制系统硬件

7.4.1 TCMS 控制主机

机车控制监视系统主机外形结构如图 7.9 所示。

机箱内包括 2 套完全一模一样的控制环节，每套控制环节包含：

(1)AVR 电源模块：为 TCMS 提供工作所需的各种直流电，如 24 V、±15 V、5 V；PUZ 处理器单元，包括 CPU、软件以及与显示屏通信的接口。

(2)DET 检测模块：检测主控制系统是否存在故障，以便在主系统发生故障时立即进行主从系统的切换。

(3)SIF 串行通信接口：完成 TCMS 与两个主变流器和辅助变流器之间的通信。

(4)DI 数字量输入模块：将接收到的各种开关信号处理后传送给处理器单元。

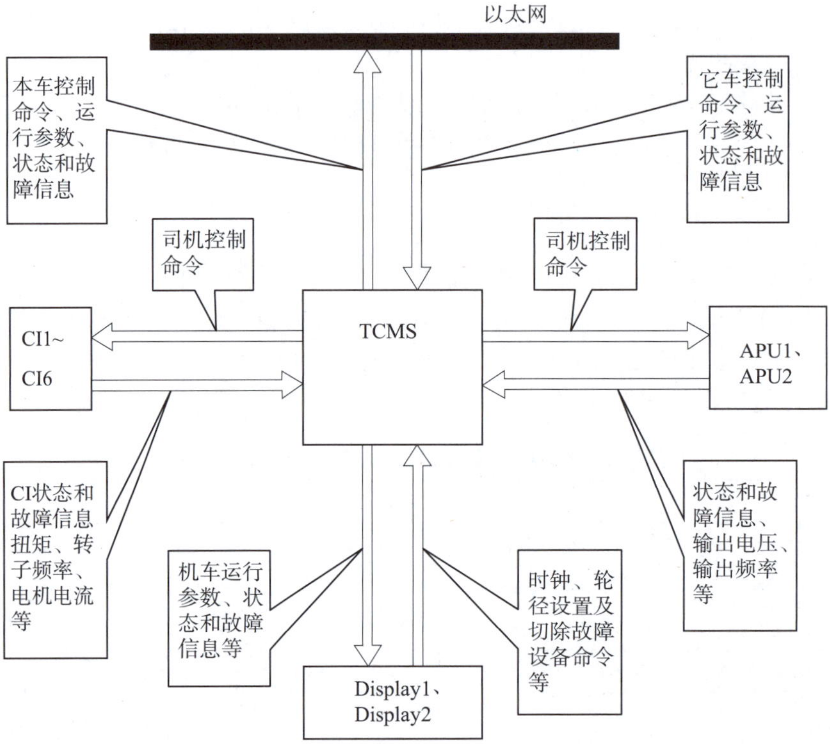

图 7.8　信息流向

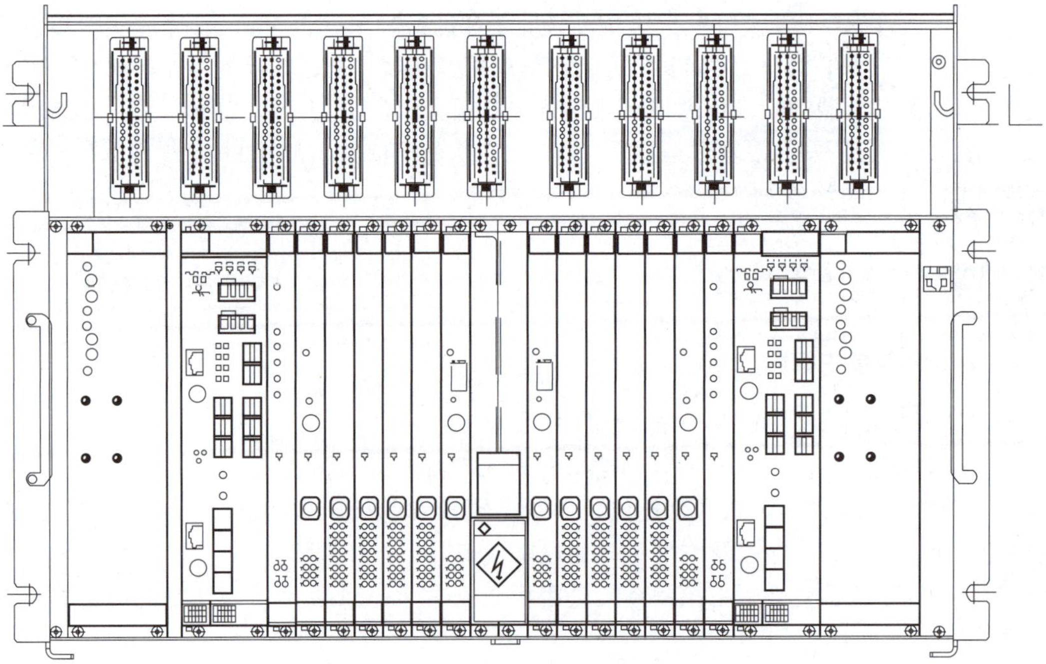

图 7.9　机车控制监视系统机箱外形结构

(5)AUX 辅助模块：具有数字量输出、模拟量输入及脉冲量输入的功能，实现对各辅助继电器的控制及特殊信号的输入功能。

(6)MDM 重联控制模块：将本车的信息通过 Ethernet 传往他车，并将收到的他车信息传送给处理器单元，实现机车的重联功能。

TCMS 控制主机对外接口数量见表 7.2。

表 7.2 TCMS 对外接口情况

名　称	数　量	所接设备	说　明
RS-485	2	主变流器	100 kbit/s
RS-485	3	辅助变流器、PSU、LG	9 600 bit/s
RS-485	2	显示屏	38.4 kbit/s
数据总线	2	与他车 TCMS 重联	通过 Ethernet 连接
110 V 数字量输入	120	各开关	—
脉冲输入	2	速度传感器(PG)	2 轴和 5 轴
模拟量输入 0～160 V	2	蓄电池电压	—
模拟量输入 0～5 A	1	电流互感器	原边电流
模拟量输入 0～24 V	2	司控器	司机控制器级位
110 V 数字量输出	30	LED 指示灯	功率较小
110 V 数字量输出	19	BRAKE、VCB、升弓、撒砂等	功率较大

7.4.2 微机显示屏

微机显示屏参数：

尺寸	10.4 英寸
图形解析度	640×480 点
显示色	256 色
使用语言	中文
接触控制屏	电解膜
接触控制屏的解析度	32×24 个接触面积

7.4.3 MVB/RS-485 网关

标称电压	DC 110 V(范围 DC 70 V～DC 137.5 V)
功率	最大 8 W
最大启动电流	5 A

接口标准见表 7.3。

表 7.3 接口标准

项　目	内　容
串行接口	符合 ANSI/TIA/EIA-485-A
MVB	符合 IEEE 61375-1 Part3
以太网	符合 IEEE 802.3 10Base-T 和 100Base-T

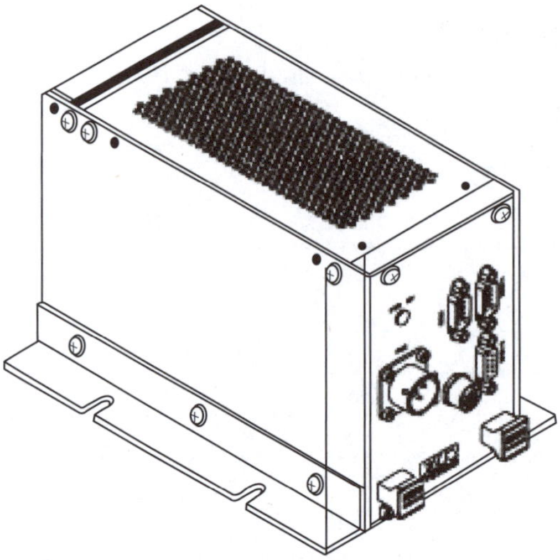

图 7.10　MVB/RS-485 网关外形

7.5　机车控制电器

7.5.1　司机控制器

司机控制器是 HXD3C 型电力机车司机用来操纵机车运行的主令控制器，是利用控制电路的低压电器间接控制主电路的电气设备。用来控制机车的运行工况及速度。

该司机控制器触头采用德国沙尔特宝公司先进的触头模块，触头为速动自净型、密封结构。司机控制器主手柄上设置有机械联动装置。外形如图 7.11 所示。

7.5.1.1　技术参数

机械寿命	≥1×10^6次
辅助触头盒电寿命	≥1×10^5次
质量	≤9 kg
辅助触头	
防护等级	IP00
标称电压	110 V(DC)
约定发热电流	10 A

7.5.1.2　工作原理

牵引/制动手柄的位置与电位器位置对应，级位信号送给 AXM 模块；方向转换开关和牵引制动手柄的状态通过辅助触点送给 DXM 和 DIM 模块。

牵引/制动单元手柄在各位置的手柄角度及油浸电位器输出值见表 7.4。

表 7.4 手柄角度及油浸电位器输出值

牵引/制动单元位置	手柄角度	电位器值
制动"12"位	+55°	>23.6 V
制动"＊"位	+7°	≤0.1 V
0 位	0°	≤0.1 V
牵引"＊"位	−7°	≤0.1 V
牵引"13"位	−55°	>23.6 V

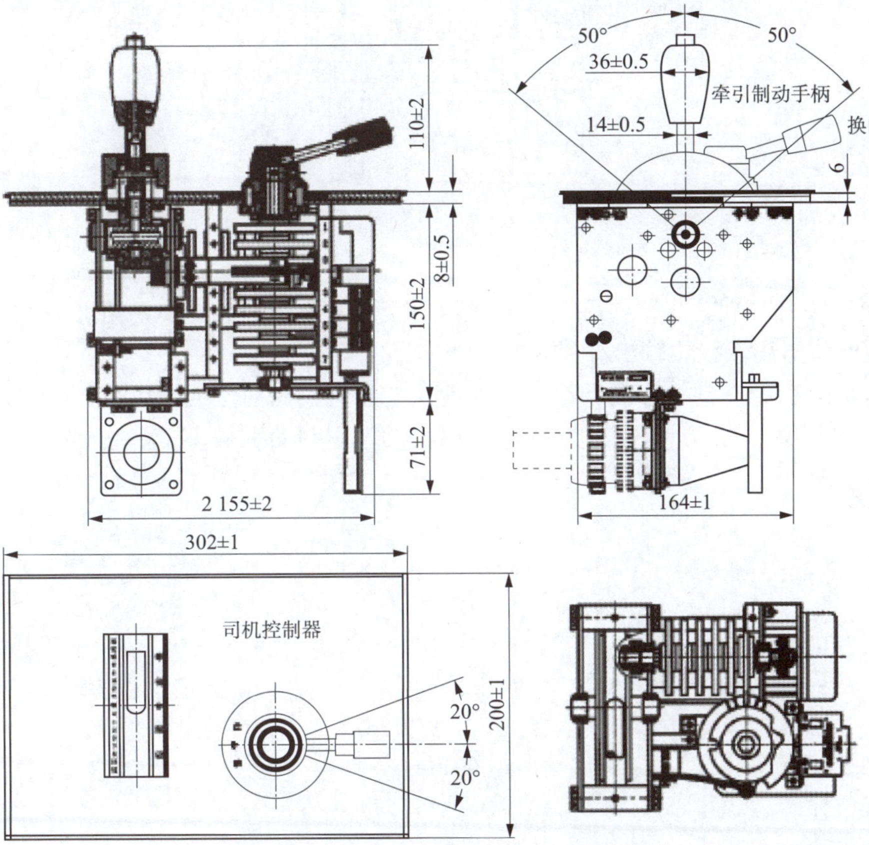

图 7.11 司机控制器外形

7.5.1.3 结构说明

司机控制器外形如图 7.12 所示。

司机控制器由牵引/制动单元、方向转换开关、电位器、RST1 型速动开关、电连接器和连接电缆、面板、安装板等部件组成。

牵引/制动单元位于司机控制器左侧，用于调节机车的牵引和制动工况。可前后推动，具有"牵引""0""制动"三个区域。牵引/制动单元手柄垂直时为"0"位，向前推进入"牵引"区，推动 55°后到达"牵引"最大位；向后拉进入"制动"区，拉动 55°后到达"制动"最大位。

司机控制器的牵引/制动手柄和方向转换开关之间有机械和电气的联锁关系。

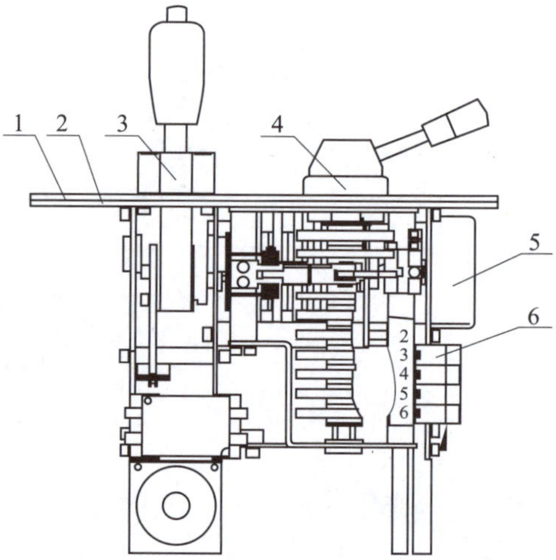

图 7.12　司机控制器外形

1—面板；2—安装板；3—牵引制动单元；4—方向转换开关；5—PW70 型电位器；6—RST1 型速动开关

方向转换开关有“向前”“0”“向后”三个位置，每个位置之间开关的转动角度为 30°。

PW70 型电位器用于级位输出。

牵引/制动手柄在 0 位时，方向转换开关才能从 0 位转到向前位或向后位；回到方向 0 位，才允许取出方向转换开关；方向不在 0 位，才可以推动牵引制动手柄，进行牵引或制动控制。

7.5.2　扳键开关

7.5.2.1　技术参数

机械寿命	≥1×10^6次
辅助触头盒电寿命	≥1×10^5次
质量	≤10 kg
辅助触头	IP00(接线部分)
防护等级	IP60(触点部分)
标称电压	110 V(DC)
约定发热电流	1 A/10 A

7.5.2.2　机械结构

扳键开关的外形结构如图 7.13 所示。

外形尺寸：80 mm×32.5 mm×125.5 mm。

安装尺寸：70 mm，两个 M5 螺钉。

触头 RST1 外形结构如图 7.14 所示。

7.5.3　自动过分相装置

自动过分相系统主要功能是在电力机车通过分相区时，系统根据当前机车速度、位置，给出分、合主断命令，从而实现电力机车通过分相区时操作自动化。

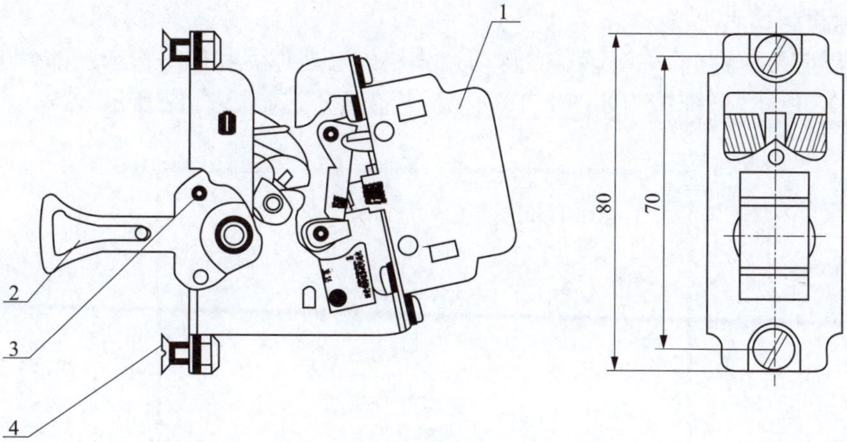

图 7.13 扳键开关

1—速动开关(RST1);2—标准手柄;3—弹性销;4—M5 螺钉

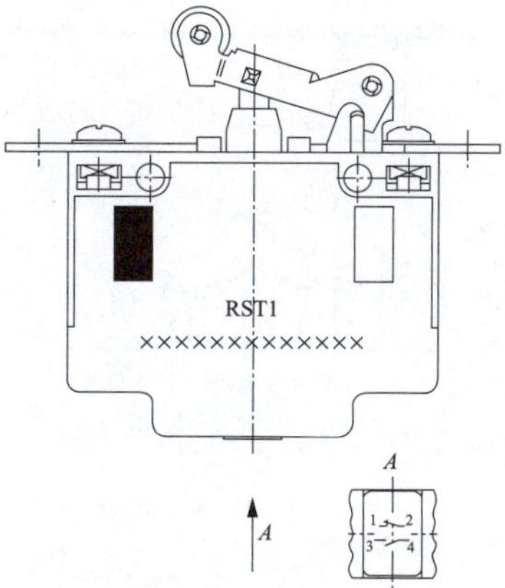

图 7.14 触头 RST1

7.5.3.1 技术参数

型号	GFX-3S 型
工作电压	DC 77～137 V
功耗	6 W
绝缘电阻	≥500 MΩ
工作温度	−25～70 ℃
适用速度范围	10～300 km/h
感应接收器直流电阻	620×(1±5%) Ω
强迫信号输出	110 V、脉宽 1×(1±10%) s
预告信号输出	110 V、脉宽 1×(1±10%) s
恢复信号输出(从预告信号通道)	110 V、脉宽 1×(1±10%) s
接收响应时间	≤0.05×(1±10%) s

7.5.3.2 结构和技术说明

系统由感应接收器(简称车感器)、自动过分相信号处理器和信号指示三部分组成,信号处理器如图 7.15 所示,系统结构如图 7.16 所示,车感器分布如图 7.17 所示。

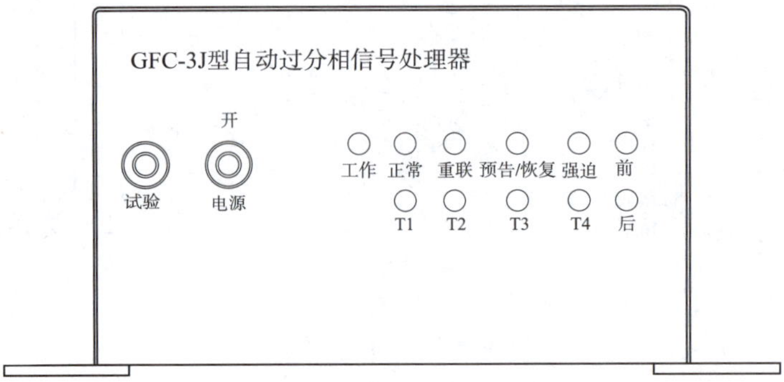

图 7.15 自动过分相信号处理器

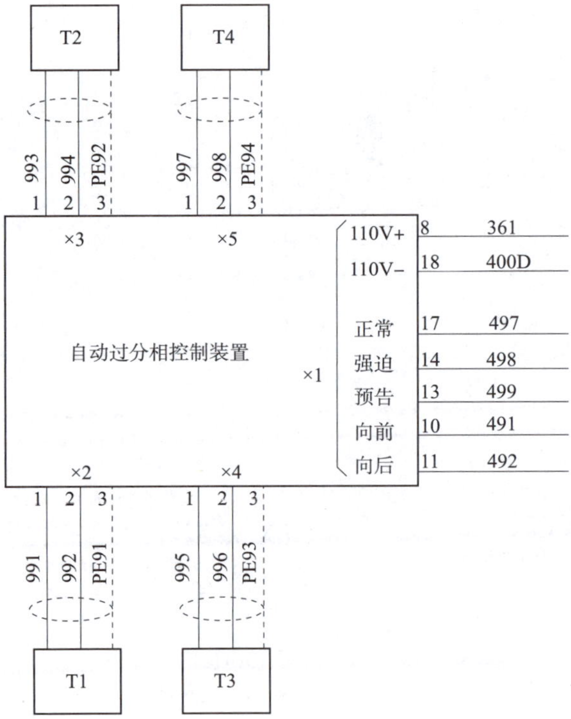

图 7.16 系统结构

7.5.3.3 工作原理

通过检测预先安装的信号装置,过分相装置发送预告、强迫、恢复信号的信息到 TCMS。信号处理器检测来自磁感应线圈的分相区开始和分相区结束的信号。

TCMS 系统将在接收到预告信号后,进行缓慢减载并断开主断,将在接收到恢复信号后

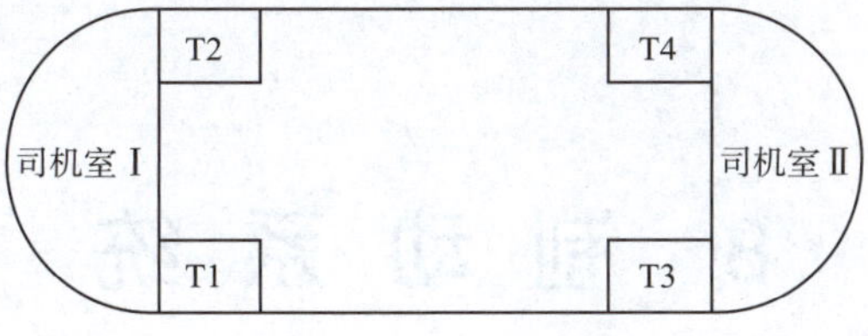

图 7.17 车感器分布

重新闭合主断,并恢复牵引力。

TCMS 系统将在接收到强迫信号后,迅速断开主断,将在接收到恢复信号后重新闭合主断,并恢复牵引力。

7.6 典型故障分析及处理

典型故障:微机系统故障。

7.6.1 故障说明

TCMS 显示屏通信中断、不启动、黑屏。

7.6.2 故障分析

机车运行途中会遭遇外部环境的电磁干扰,导致机车通信信号的丢失,使显示屏通信中断;显示屏自身软硬件问题可能导致点击触摸屏按键无反应;显示屏电源中断导致显示屏黑屏。此时若力矩表上显示有牵引力输出,后端司机室显示屏显示信息正常,则可维持机车运行。

7.6.3 处理方法

确认微机屏上无异物,断开微机电源,用手指一直按住触摸屏,此时按住触摸屏的手指不要拿开,给电源,大约 10 s 左右,屏幕右上角出现一个白色小光标,按住光标约两三秒左右,此处光标消失(发出嘣的声音),触摸屏左下角出现同样的光标,按住此处光标约两三秒左右,光标消失(发出嘣的声音),此时进入 TCMS 英文黑白菜单界面,按左下角“writeconfig”(写入)触摸按钮,再按右下角重起触摸按钮,重起电源,待微机启动后,再试 TCMS 触摸屏各触摸按钮,有效、修复成功。

如微机屏仍无法启动,则将前后端微机显示屏倒换。

8 制动系统

8.1 概　　述

机车制动系统直接关系到机车的运行安全，是机车的重要组成部分。为了提高铁路的通过能力，必须有动作灵敏，控制精确，制动能力强的先进制动系统。

HXD3C 型电力机车交流传动客货通用电力机车采用国际上先进的机车用 CCBⅡ微机控制制动系统。该制动系统是基于网络的微机电空制动系统，是按照美国铁路协会标准(AAR)以 26-L 型制动机的性能为基础，为满足干线客、货运机车的运用要求而设计的，其主要制动性能可以与我国既有机车车辆的制动机相匹配。该制动系统具有以下技术特点：

(1)控制准确性高，反应迅速；

(2)安全性较高；

(3)部件集成化程度高，部件更换方便，维护简单；

(4)具有自我诊断、故障显示及简单的处理方法提示功能。

本章节简要介绍了 HXD3C 型电力机车制动系统所用风源系统及主要部件；着重介绍了制动控制部分，包括 CCBⅡ制动机中各主要部件的构造及作用，CCBⅡ的控制关系，CCBⅡ气路的综合作用及系统的安全保护和主要部件的备份等内容；同时也对制动系统中的停放制动装置、停放制动辅助缓解装置及撒砂鸣笛装置等辅助管路系统进行了简要的介绍。

8.2 风源系统

风源系统的作用是为机车及车辆的制动系统提供符合要求的干燥、洁净的压缩空气。

HXD3C 型电力机车的风源系统主要包括由空气压缩机组、双塔式空气干燥器、总风缸等组成的主风源系统和由辅助压缩机、辅助干燥器、再生风缸、升弓控制模块、升弓风缸等组成的辅助风源系统两大部分。

8.2.1 主风源系统

主风源系统由空气压缩机组、双塔式空气干燥器、空气压缩机安全阀、微油过滤器、最小压力阀、总风缸安全阀、总风缸、单向阀、限流缩堵、折角塞门及连接管路组成。主风源系统组成及管路原理如图 8.1 所示。

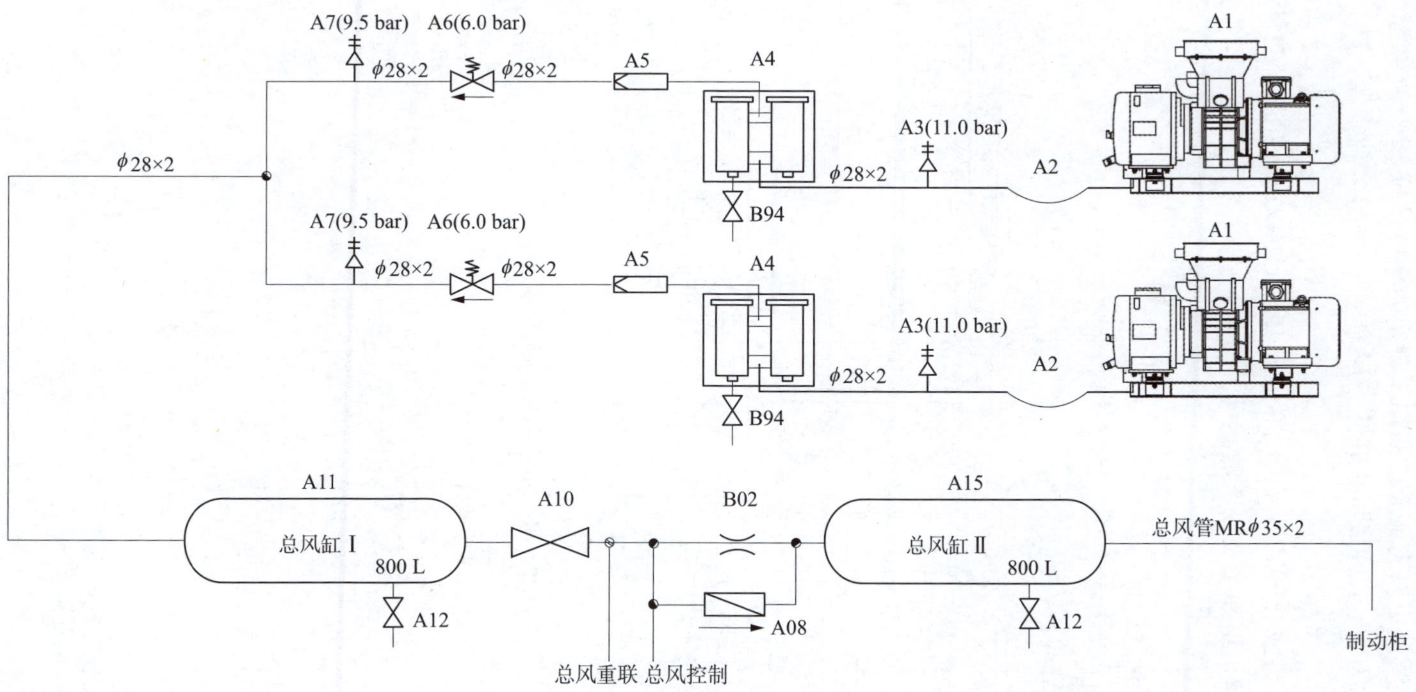

图 8.1　主风源系统气路原理图

A1—空气压缩机组，A2—软管，A3—安全阀，A4—双塔干燥器，A5—微油过滤器，A6—最小压力阀，A7—安全阀，A08—单向阀，A10—截断塞门，A11—第一总风缸，A12—排水塞门，A15—第二总风缸，B02—限流缩堵

注：1 bar＝100 kPa。

HXD3C 型电力机车采用两台额定排量不小于 2 400 L/min 的螺杆式空气压缩机组作为系统风源，配套使用两个 JKG1C 型双塔干燥器和两个微油过滤器作为风源滤水、滤油的处理装置。经过处理后的压缩空气质量可以满足 ISO 8573-1 规定的固体颗粒 2 级、油 2 级、水 2 级的标准。机车采用 2 个容积均为 800 L 的风缸串联作为压缩空气的储存容器。

8.2.1.1　空气压缩机组

机车设置两台 SL22-66 型或 TSA-230AVⅠ-Ⅱ型或 BT-2.6/10AD3 型螺杆空气压缩机。

(1)SL22-66 型空气压缩机组如图 8.2 所示。

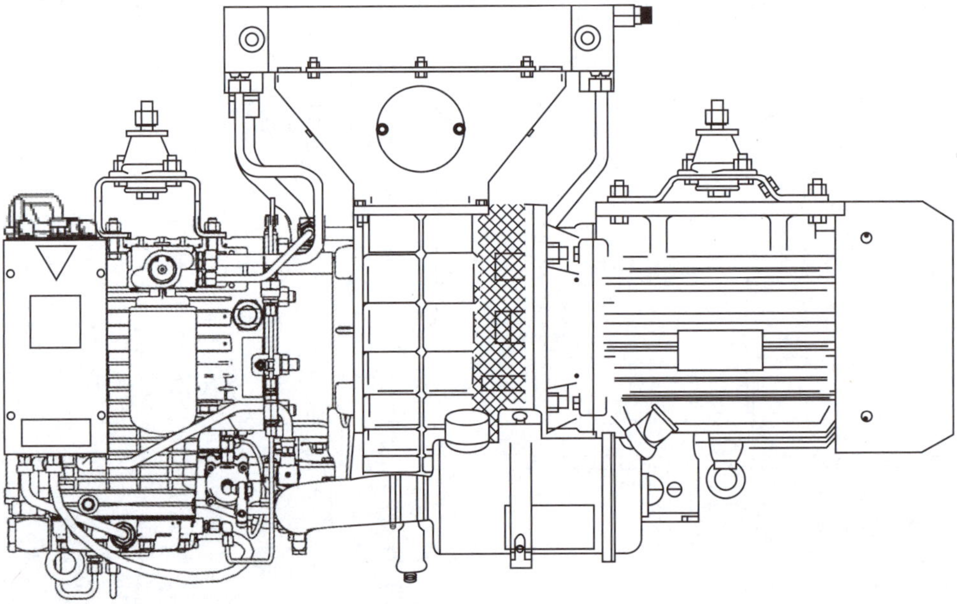

图 8.2　SL22-66 型空气压缩机组

SL22-66 型空气压缩机组主要技术参数：

流量	2 750 L/min
工作压力	1 000 kPa
转速	2 920 r/min
工作电压	AC 380 V
频率	50 Hz
控制电压	DC 110 V
质量	395×(1±3%) kg
机组噪声	≤102 dB(A)

(2)TSA-230ADVⅠ-Ⅱ型空气压缩机组如图 8.3 所示。

TSA-230ADVⅠ-Ⅱ型空气压缩机组主要技术参数：

流量	2 400 L/min
工作压力	1 000 kPa
转速	2 955 r/min

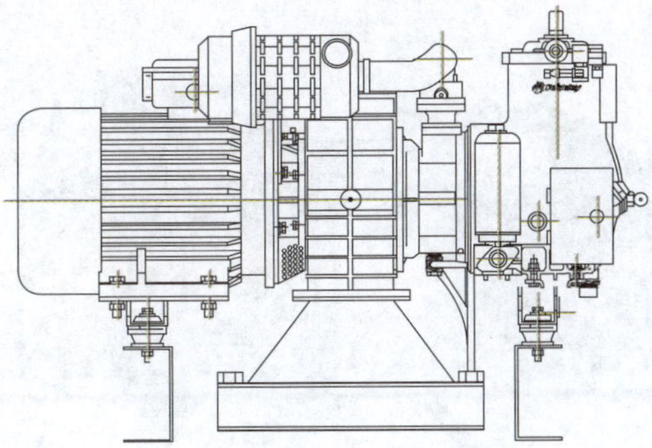

图 8.3　TSA-230ADV Ⅰ-Ⅱ型空气压缩机组

工作电压	AC 380 V
频率	50 Hz
控制电压	DC 110 V
质量	420×(1±3%) kg
机组噪声	≤102 dB(A)

(3)BT-2.6/10AD3 型空气压缩机组如图 8.4 所示。

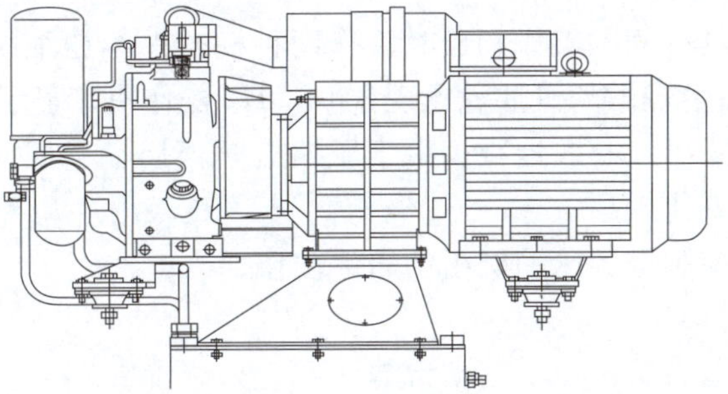

图 8.4　BT-2.6/10AD3 型空气压缩机组

BT-2.6/10AD3 型空气压缩机组主要技术参数：

流量	2 600 L/min
工作压力	1 000 kPa
转速	2 940 rpm
工作电压	AC 380 V
频率	50 Hz
控制电压	DC 110 V
质量	430×(1±3%) kg
机组噪声	≤102 dB(A)

(4)空气压缩机组构造如图 8.5 所示。

空气压缩机组主要由空气过滤器、电机、弹性安装座、排油阀、压缩空气出口、散热器、压缩

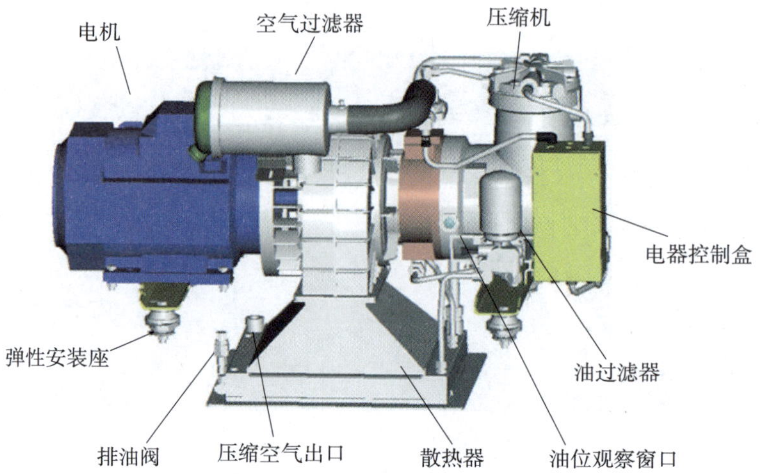

图 8.5　空气压缩机组构造

机、电气控制盒、油过滤器、油位观察口等几部分组成。机组具有温度、压力控制装置，可以实现无负荷启动。机组的启停状态可由总风压力开关进行自动控制，也可通过手动按钮强行控制启停。

(5)空气压缩机工作原理

机车空气压缩机组具有间歇工作和延时工作两种模式。当压缩机需要频繁启动(如牵引客车需要大量风源)或发生轻微的机油乳化现象时，可以操作机车显示屏将压缩机设置在延时工作模式。延时工作模式可以有效地减少由于压缩机频繁启动造成对电机及机头的损害，同时可以减缓压缩机机油乳化现象。

设有两个压力开关控制空气压缩机组的启停动作。

①间歇工作模式时：

启动时总风压力	启动台数	位置	停机时总风压力
680 kPa$<P\leqslant$75 kPa	1	远离操纵端	$P=900$ kPa
$P\leqslant680$ kPa	2	两端	$P=900$ kPa

注：P——总风缸压力。

②延时工作模式时：

加载时总风压力	启动台数	位置	空载时总风压力
680 kPa$<P\leqslant$750 kPa	1	远离操作端	$P=900$ kPa
$P\leqslant680$ kPa	2	两端	$P=900$ kPa

注：P——总风缸压力。

③间歇、延时工作模式的转换：

模式转换	转换时总风压力	执行过程
间歇→延时	$P\leqslant750$ kPa	$P=900$ kPa 后，进入延时模式(空载计时运行)
间歇→延时	$P>750$ kPa	压缩机先不加载，待 $P\leqslant750$ kPa 时加

		载，$P=900$ kPa 后，进入延时模式（空载计时运行）
延时→间歇	$P\leqslant 750$ kPa	$P=900$ kPa 后，进入间歇模式（停机）
延时→间歇	$P>750$ kPa	压缩机启动，进入间歇模式（停机）

注：加载——压缩机工作且释放压缩空气；

空载——压缩机工作但不释放压缩空气；

空载计时运行——单次空载运行时间不间断超过 20 min 后该机组停机。

空载计时内，压缩机进入加载工作，其空载计时清零。

8.2.1.2　空气干燥器

HXD3C 型交流传动客货通用电力机车采用两台 JKG1C（图 8.6）型双塔吸附式空气干燥器。该干燥器具有低温加热功能，位于空气压缩机组和总风缸之间，正常使用时保证空气系统不会出现液态水。

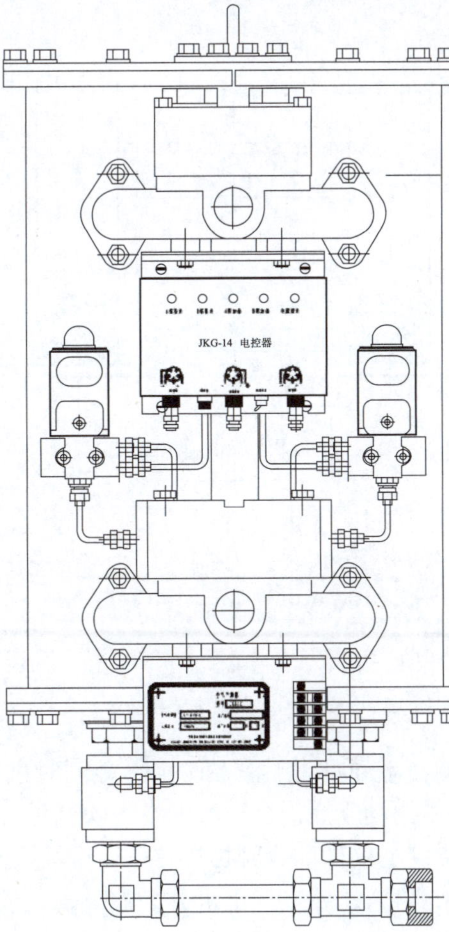

图 8.6　JKG1C 型空气干燥器

主空气干燥器主要技术参数：

最大工作压力	1 100 kPa
工作温度	－40～50 ℃
压力损失	＜40 kPa
出口相对湿度	满足 ISO 8573 水 2 级
电磁阀功率	14 W
加热功率	50×2 W
空气处理量	2 700 L/min
工作周期	(90±4) s

空气干燥器结构如图 8.7 所示。

主要包括：两个干燥塔，每个塔内集成一个油分离器和一定量的干燥剂；带有计时功能的脉冲电磁阀；带可更换再生节流孔的双逆止阀；排放阀；消音器和冷凝排放盖。

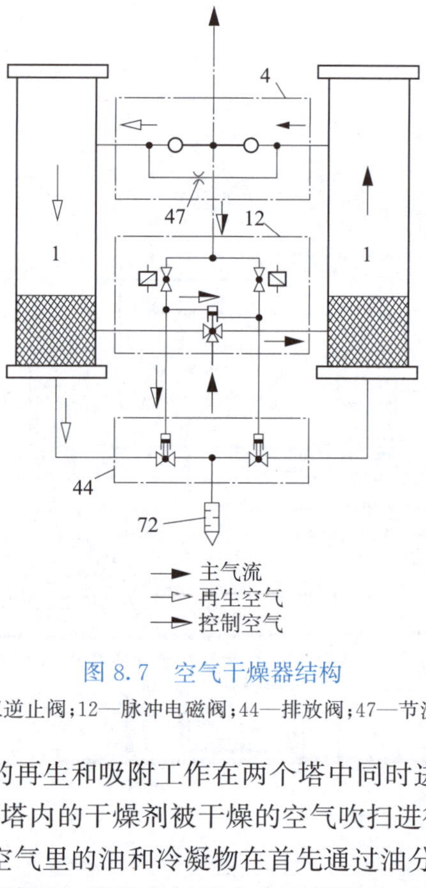

图 8.7　空气干燥器结构

1—干燥塔；4—双逆止阀；12—脉冲电磁阀；44—排放阀；47—节流孔；72—消音器

无热吸附式双塔干燥器的再生和吸附工作在两个塔中同时进行，当压缩空气在一个塔内通过干燥剂进行干燥时，另一塔内的干燥剂被干燥的空气吹扫进行再生处理。

到达干燥器的饱和压缩空气里的油和冷凝物在首先通过油分离器时被提取出来。饱和的压缩空气接着通过干燥塔的干燥剂，压缩空气里水分子被吸收，干燥器出口压缩空气的相对湿度达到 35%以下。

部分干燥后的压缩空气通过再生节流孔进入再生塔，吸收饱和干燥剂表面的水分，并将其排放到大气。

两个工作塔交替作为干燥塔和再生塔进行工作。

空气干燥器工作示意如图 8.8 所示。

空气干燥器在工作状态，其中塔(B右)在干燥阶段，塔(A左)在再生阶段。

电空阀(左)得电工作。排气阀(左)打开，进气阀(Aj)关闭。由于空阀(右) 失电，排气阀(右)关闭，进气阀(Bj)打开。

压缩空气经 P1 口和打开的进气阀(Bj)，在油分离器里进行旋转，在离心力作用下将油和水滴甩向油分离器的内壁后收集到排气阀(右)。压缩空气随后通过干燥剂，压缩空气中的水及水蒸气被吸收，使干燥器出口压缩空气的相对湿度小于 35%。

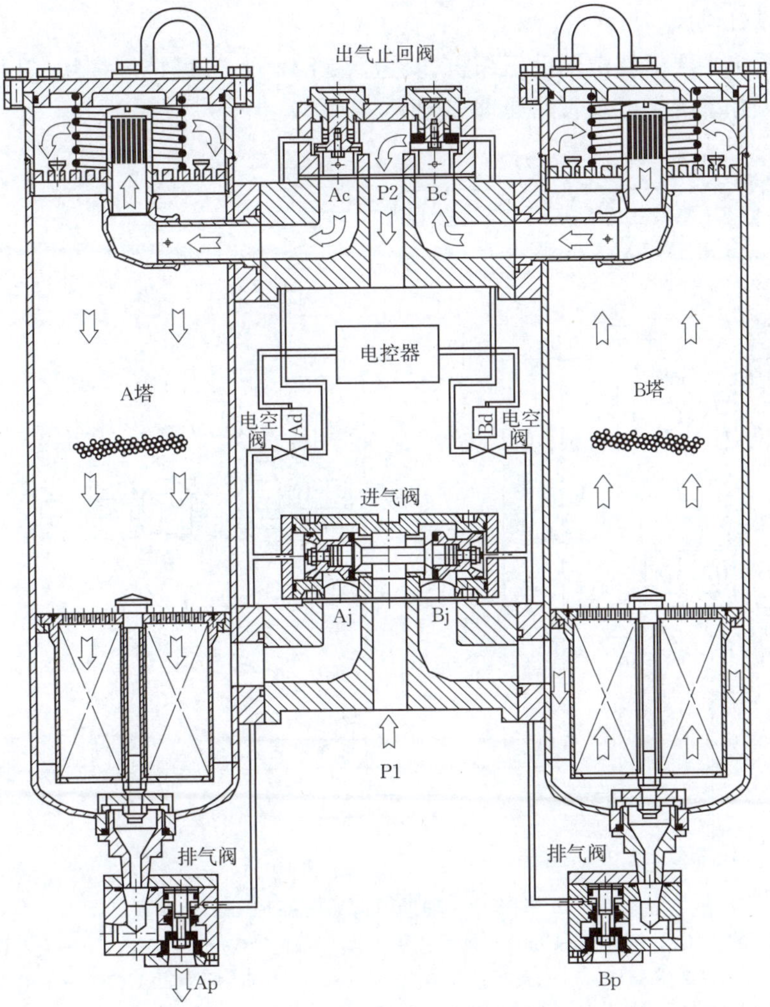

图 8.8　空气干燥器工作示意

压缩空气通过出气止回阀(BC)和 P2 口从干燥器排出之前，部分干燥的压缩空气通过再生节流孔，进入再生塔(A塔)，带走干燥剂表面的液态水后从排气阀(左)排放到大气，再生塔中的干燥剂得到干燥。

电空阀(左)在半个工作周期(90 s)前 18 s 失电,排气阀(左)关闭,进气阀(Aj)开放。控制管路中压缩空气通过电空阀排放到大气。通过节流孔,再生塔(A 塔)中空气压力将增加到与干燥塔(B 塔)相同的空气压力。半个周期时(90 s),原干燥塔变为再生塔,原再生塔变为干燥塔。电空阀(右)得电,排气阀(右)开放,进气阀(左)开放。

当压缩机停止工作,干燥器也同时停止工作。干燥器的两个电空阀都失电,控制管路被排空,排气阀两侧均关闭,进气阀停留在干燥器停止工作时的位置。

8.2.2 辅助风源系统

辅助风源系统负责在机车库停时间较长,升弓风缸中压缩空气压力不够的情况下,给机车电气系统用风设备供风。

辅助风源系统主要部件由辅助压缩机、安全阀、干燥器、升弓控制模块、升弓风缸、排水阀等组成。辅助风源系统组成及管路原理如图 8.9 所示。

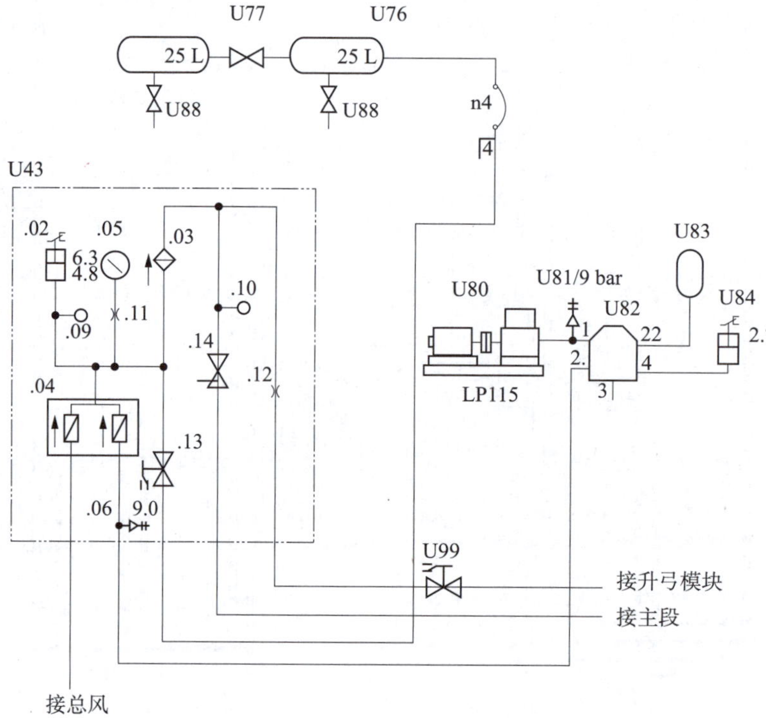

图 8.9 辅助风源系统原理

U80—辅助压缩机;U81—安全阀;U82—干燥器;U83—再生风缸;U84—压力开关;U43—升弓控制模块;
U43. 02—压力控制器;U43. 03—过滤器;U43. 04—单向阀;U43. 05—压力表;U43. 06—高压安全阀;
U43. 09—压力测试口;43. 10—压力测试口;U43. 11—限流孔;U43. 12—限流孔;U43. 13—带电触点塞门;
U43. 14—塞门;U76—升弓风缸;U88—排水阀;U99—钥匙开关

机车装用一台 LP115 型辅助压缩机组,将其和升弓控制模块、升弓风缸及风表相连。辅助压缩机组的控制开关位于空气制动柜上,按下开关后,辅助空压机开始工作,升弓控制模块上的压力开关对压缩机的启停进行自动控制。

为保证压缩空气和管路的清洁，辅助压缩机配有小型的单塔干燥器和再生风缸。

辅助压缩机组技术参数：

型号	LP115
工作形式	单缸往复式空压机
压缩方式	一级压缩
最大出口压力	800 kPa
最大出口温度	220 ℃
允许连续运行时间	不超过 10 min
额定电压	DC 110 V

8.3 空气管路布置

8.3.1 制动系统管路布置原则

制动系统管路用于连接制动部件。管路布置是否规范合理，直接影响到制动系统的性能与美观。

HXD3C 型电力机车制动系统管路是本着规范、简洁、美观的原则进行设计的，设计过程中同时兼顾制动部件布置的合理性，以便尽量使制动部件之间的管路最为捷径。

8.3.2 司机室管路

司机室空气管路是制动控制器、车长阀、风压表以及端部折角塞门等部件与机械间大排管的连接管路。由于 HXD3C 型机车的 CCBⅡ制动系统采用微机网络控制，因此司机室管路相比 JZ-7、DK-1 制动系统的管路少了许多。风表连接管路采用扣压胶管。

8.3.3 机械间管路

机械间管路是连接机车两个司机室、风源系统、制动柜及其他辅助设备的管路。由于机车采用中间走廊方式，所以机械间管路主要集中在中间走廊的地板下面。本车的机械间管路采用安装支架吊装固定，先在地面组装完成后再通过吊具整体吊装并用螺栓固定在车体管排支架上。机械间管路与制动柜之间采用波纹管连接，与风源系统管路、辅助气路板之间采用胶管连接。

8.3.4 风源系统管路

风源管路是用来连接风源设备的，包括空气压缩机、空气干燥器、微油过滤器及总风缸等。HXD3C 型机车风源系统部件中心对称布置在机械间两端。为了尽量保证空气干燥器的可靠性，在空气压缩机出口至空气干燥器进口之间采用不锈钢管路和接头，以提高管路的耐腐蚀性。

8.3.5 底架管路

底架管路是用来连接车上管路与转向架管路的，包括制动缸、弹停制动缸、砂箱、轮缘润滑装置等。考虑到转向架与车体之间存在相对运动,其连接管路采用扣压胶管。

8.3.6 管 接 头

制动系统管路采用卡套式管接头,组装后会使卡套嵌入钢管,以达到密封和固定的目的,而且连接时有一定的力矩要求,可以保证其连接强度。

8.3.7 防寒措施

为了保证机车在低温下可以正常工作,制动系统具备一定的防寒措施。除了在风源系统管路和车底外露的管路进行包扎防寒材料外,同时在风源系统管路最低处增加了排水堵(可拆下进行排水),防止低温下冷凝水冻结。防寒措施为可选方案,可根据不同的配属需求进行选择。

8.4 制 动 机

制动控制系统采用克诺尔公司基于网络的微机控制的 CCBⅡ型电空制动机,除了紧急制动作用,所有逻辑微机都是由控制的。

CCBⅡ制动机包括 5 个主要部件:EBV—制动控制器;LCDM—制动显示屏;EPCU—电空控制单元;IPM—集成处理器;RIM/CJB—继电器接口模块。

8.4.1 制动部件

8.4.1.1 制动控制器(EBV)

制动控制器是 CCBⅡ制动机的人机接口。操作者通过图 8.10 制动控制器直接给电空控制单元(EPCU)发送指令,并通知微处理器(IPM)进行逻辑控制。除了紧急制动作用,所有逻辑都是由微机控制的。

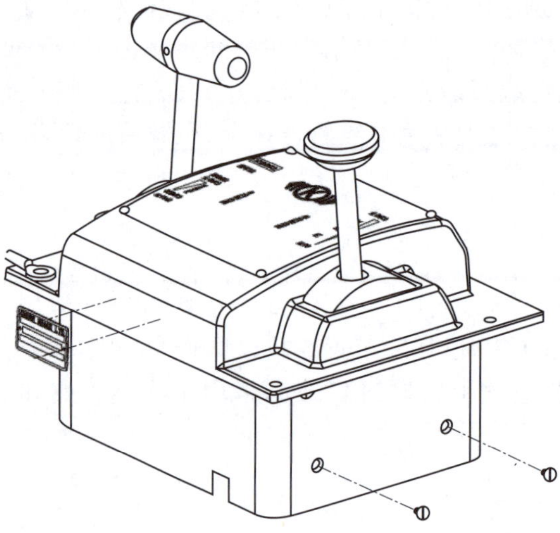

图 8.10 制动控制器

制动控制器采用水平安装结构。自动制动手柄位于左侧，单独制动手柄位于右侧，中间为手柄位置的指示标牌。在EBV内部有一个机械阀，当自动制动手柄置于紧急制动位时机械阀动作，保证机车车辆在任何状态下均能产生紧急制动作用。

自动制动手柄和单独制动手柄均采用推拉式操作方式，并具有自保压特性。自动制动手柄含有运转位、初制动位、全制动位、抑制位、重联位和紧急制动位等操作位置。在初制动位和全制动位之间的是常用制动区。单独制动手柄包含运转位和全制动位等操作位置。在运转位和全制动位之间的是制动区域。通过侧压单独制动手柄可以实现机车的单独缓解功能。

单独制动手柄位置：

手柄包括运转位，通过制动区到达全制动位。手柄向前推为制动作用，向后拉为缓解作用。20CP响应手柄的不同位置，使制动缸产生作用压力。当侧压手柄时，13CP工作，可以实现缓解机车的自动制动作用。

机车的每一个司机室均装有一个制动控制器。当操纵端选定后，微处理器(IPM)将激活操纵端的制动控制器，操作者可以用来进行制动控制；此时非操纵端司机室的制动控制器未被激活，也不能够送出制动指令。未被激活制动控制器的自动制动手柄，需用销子将其锁定在重联位上，以免误动作触发紧急制动，单独制动手柄应放置在运转位。

8.4.1.2　制动显示屏(LCDM)

制动显示屏(图8.11)位于操纵台，是CCBⅡ制动机的人机接口，通过它可进行本机/补机，均衡风缸定压，列车管投入/切除，阶段缓解/一次缓解，补风/不补风，CCBⅡ系统自检，风表值标定，故障查询等功能的选择和应用。

HXD_{3C}型电力机车每个司机室的操纵台上装有一个制动显示屏，在机车正常工作时，实时显示均衡风缸、制动管、总风缸和制动缸的压力值，也实时显示制动管充风流量和空气制动模式的当前状况。

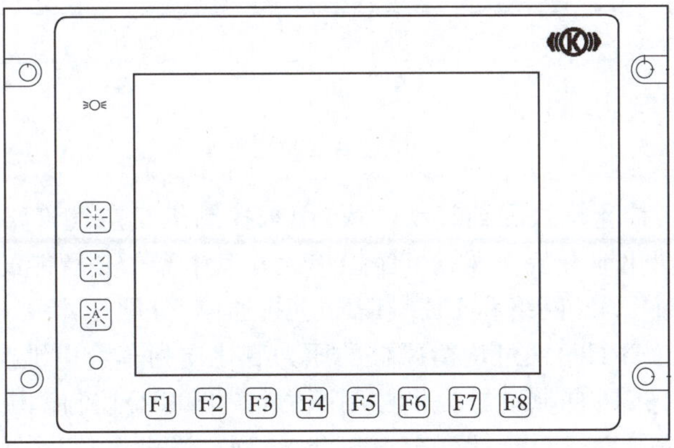

图8.11　制动显示屏

8.4.1.3　电空控制单元(EPCU)

电空控制单元(EPCU)位于空气制动柜内，是制动系统的执行部件，由8个模块组成，如图8.12(a)，图8.12(b)所示。

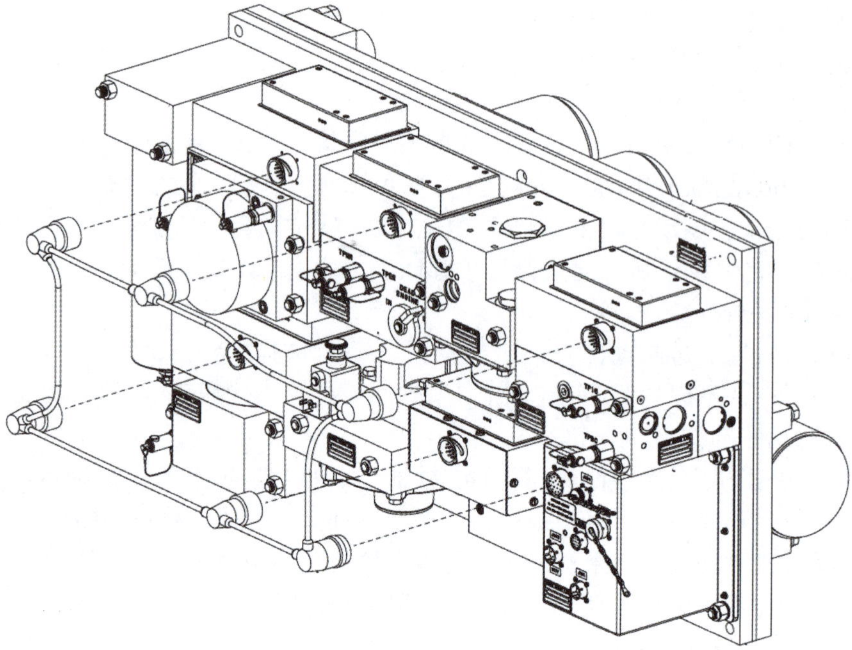

(a)

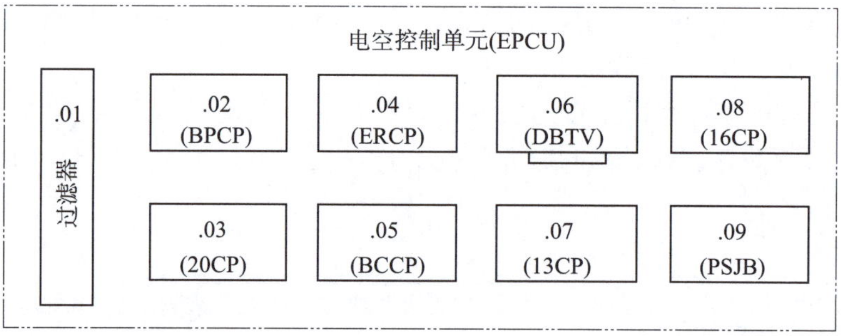

(b)

图 8.12　电空控制单元

EPCU 包括电气一体化模块和纯气动模块，用来控制机车空气管路系统的压力。这些阀都是按功能分组且模块化地安装在现场可替换单元。其中五个是智能的“LRU 模块”，可以通过软件进行自检并通过 LON 网络和 EBV、IPM 进行通信，分别是：

(1)均衡风缸模块(ERCP)通过均衡风缸的压力变化向列车管提供控制压力。

(2)16 控制部分(16CP)向制动缸提供控制压力，备份(ER)控制模块。

(3)列车管控制部分(BPCP)包括列车管中继阀，列车管投入/切除转换，列车管压力补风/不补风转换以及紧急制动系统。

(4)20 控制部分(20CP)向制动缸的平均管(BCEP)提供压力。

(5)13 控制部分(13CP)包括单缓控制内部压力。

EPCU 还包括：

(1)制动缸控制部分(BCCP)，装有制动缸作用阀。

(2)供电接线盒(PSJB)包括向 EPCU 供电。

(3)DB 三通阀(DBTV)提供制动缸后备控制压力。

另外,EPCU 有一个无火回送装置(DER),能让总风缸从无动力机车的列车管中充气。EPCU 包括一些过滤器,这些过滤器过滤从总风到制动缸管的空气。

8.4.1.4 集成处理器(IPM)

集成处理器(IPM)(图 8.13)安装在机车制动柜内,进行各制动功能的软件运算,执行所有到制动系统的通信功能。通过 LON 网络和 EPCU、EBV 通信,通过 RS-422 电缆线和 LCDM 通信,通过 MVB 网络和机车 TCMS 通信,并可提供二进制输出,驱动机车继电器。

图 8.13 集成处理器

8.4.1.5 继电器接口模块(RIM/CJB)

继电器接口模块(图 8.14)位于机车制动柜内,是集成处理器(IPM)与机车间进行通信的继电器接口。

图 8.14 继电器接口模块

信号输入部分包括：由安全装置（ATP）产生的惩罚制动和紧急制动，再生制动投入信号，MREP 压力开关工作状态信号，机车速度信号。

信号输出部分包括：紧急制动信号，动力切除（PCS）信号，撒砂开关动作信号，再生制动切除信号，制动系统故障信号。

8.4.2 紧急制动的触发方式

自动制动阀置紧急位；

开放车长阀触发紧急制动；

按下操纵台紧急按钮触发紧急制动；

IPM 触发紧急制动；

ATP 触发紧急制动；

列车断钩分离触发紧急制动。

8.5 辅助管路系统

8.5.1 停放制动控制装置

停放制动控制装置及原理如图 8.15 所示。

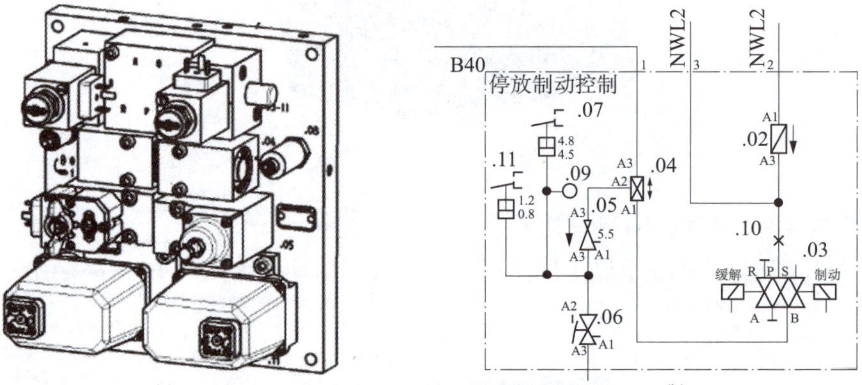

(a) (b)

图 8.15 停放制动控制装置及原理

弹停制动控制装在接收司机控制指令，从而控制机车走行部弹簧停车制动缸压力。当弹簧停车制动缸中的空气压力达到 480 kPa 以上时，弹簧停车制动装置缓解，允许机车牵引；机车停车后，将弹簧停车制动缸中的压力空气排空，弹簧停车装置动作，闸瓦压紧轮对，避免机车因重力或风力的原因溜车。

机车第一、六轴上安装有四个弹簧停车装置。

机车停车后按下操作台左侧弹停作用开关，可使弹停脉冲电磁阀（.03）中的作用阀得电数秒，脉冲电磁阀（.03）处于作用位，弹簧停车制动缸中的压力空气通过弹停脉冲电磁阀（.03）排出，弹簧停车制动装置完全作用。如果需要走车，按下操作台左侧弹停缓解开关，可使弹停脉冲电磁阀(.03)中的缓解阀得电数秒，脉冲电磁阀(.03)处于缓解位，总风将通过上述通路进入走行部的弹簧停车制动缸，当弹簧停车制动缸中的压力高于 480 kPa 后操作台上弹停指示灯常灭，弹簧停车制动缸完全缓解，允许机车牵引。

在发生供电故障的情况下，也可以使用脉冲电磁阀的手动装置对停放制动装置进行手动操作。在系统无风的情况下，可以使用停放制动单元的手动缓解(位于制动缸夹钳上)缓解停放制动。手动缓解后，不能再次实施停放制动。如果需要重新实施停放制动，必须使系统总风压力达到 450 kPa 以上，方可实施停放制动。

8.5.2 停放制动辅助控制装置

停放制动辅助控制装置及原理如图 8.16 所示。

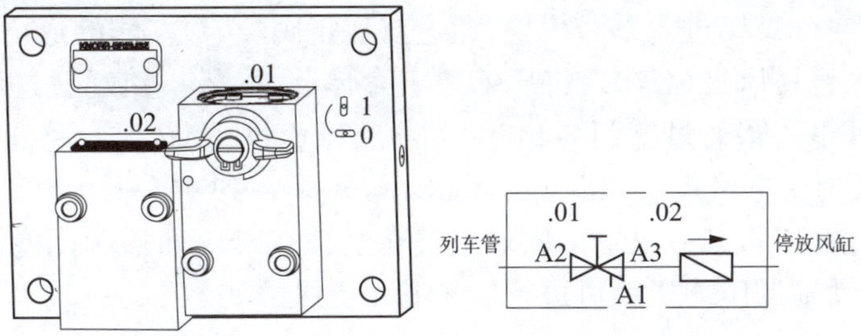

图 8.16 停放制动辅助控制装置及原理

停放制动辅助控制用于在机车总风缸(A11/A15)和停放风缸均无风压情况下，可用其他机车列车管的压力来实现弹簧停车制动的快速缓解，无需在走行部的弹停风缸上进行手动缓解，提高机务段的调车作业效率，减小劳动强度。

8.5.3 升弓控制装置

升弓控制装置及原理如图 8.17 所示。

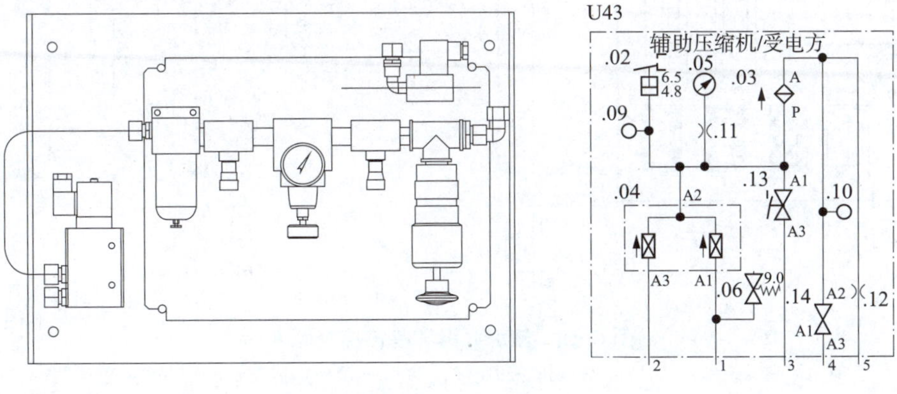

图 8.17 升弓控制装置及原理

升弓控制装置为受电弓和主断路器提供干燥、稳定的压缩空气。此模块包括双逆止阀

(.04)、安全阀(.06)、压力开关(.02)、机械压力表(.05)、过滤器(.03)、塞门(.13、.14)、缩堵(.11、.12)和测试接口(.09、.10),它和辅助压缩机(U80),辅助压缩机用干燥器(U82),干燥风缸(U83)压力开关(U84),升弓风缸(U76)以及升弓塞门(U98、U99)等部件共同工作。

启动辅助压缩机,压缩空气通过干燥器(U82),进入升弓模块,通过双逆止阀(.04)右侧的逆止阀后压缩空气分为两路,其中一路进入升弓风缸(U76),将压缩空气存储起来,另一路通过过滤器(.03),又将压缩空气分为两路,其中一路通过塞门(.14)为主断路器提供风源,另一路通过升弓塞门(U98、U99)进入升弓阀板为受电弓提供风源。

机车升弓指令投入后,若升弓风缸压力低于 480 kPa 时,压力开关(.02)动作发出指令,辅助压缩机自动投入工作,当升弓风缸压力高于 735 kPa 时,压力开关(U84)动作发出指令,辅助压缩机自动停止工作,同时干燥风缸(U83)中的干燥空气将干燥器中的水和油污排出。如果通过按钮手动控制辅助压缩机启动,压力开关(.02、U84)将不再对压缩机的起停进行控制。

总风缸的压缩空气直接进入升弓模块,通过双逆止阀(.04)左侧的逆止阀后压缩空气分为两路,其中一路进入升弓风缸(U76),将压缩空气存储起来,另一路通过过滤器(.03),又将压缩空气分为两路,其中一路通过塞门(.14)为主断路器提供风源,另一路通过升弓塞门(U98、U99)进入升弓阀板为受电弓提供风源。

在机车退乘之前,应将升弓风缸内压缩空气充至 900 kPa,然后关闭塞门(.13),以备机车再次使用时不必启动辅助压缩机就可进行机车升弓操纵。

8.5.4 轮缘润滑和鸣笛控制装置

轮缘润滑和鸣笛控制装置原理如图 8.18 所示。

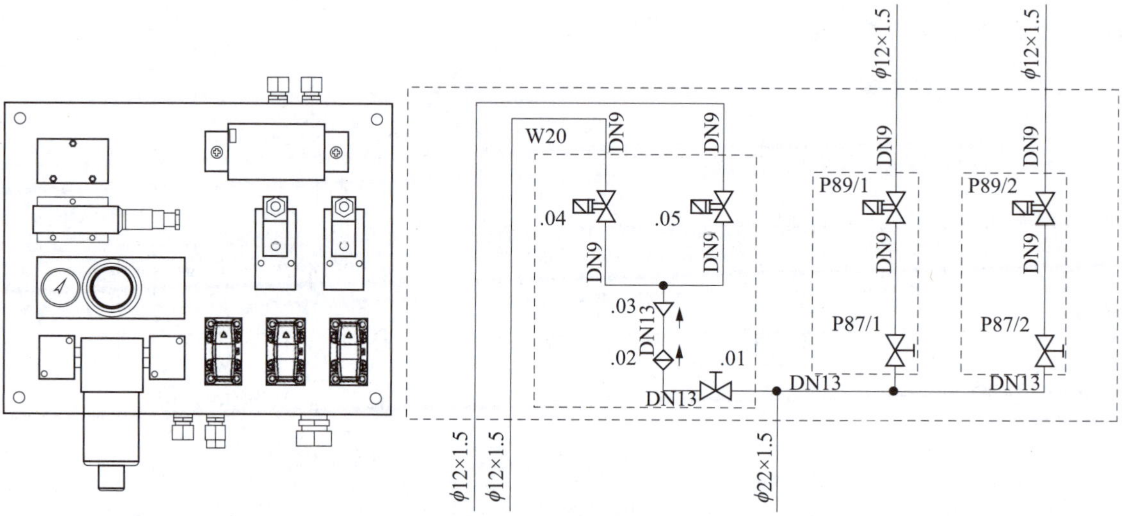

图 8.18 轮缘润滑和鸣笛控制原理

P87/1—喇叭控制塞门;P87/2—喇叭控制塞门;P89/1—喇叭电磁阀;P89/2—喇叭电磁阀;
W20.01—轮缘控制塞门;W20.02—分水滤汽器;W20.03—减压阀;
W20.04—轮缘润滑电空阀;W20.05—轮缘润滑电空阀

机车采用油脂式轮缘润滑方式，通过电磁阀控制油脂的喷涂。机车两端均设有两个高音喇叭、一个低音喇叭，由电空阀控制，电空阀由司机操纵台面板上的喇叭按钮、操纵台下的喇叭脚踏开关分别控制。喇叭控制采用高、低音单独控制方式。控制轮缘润滑及鸣笛的设备集成安装在一块气路板上，方便维护和检修。

8.5.5 撒砂装置

撒砂控制装置及原理如图 8.19 所示。

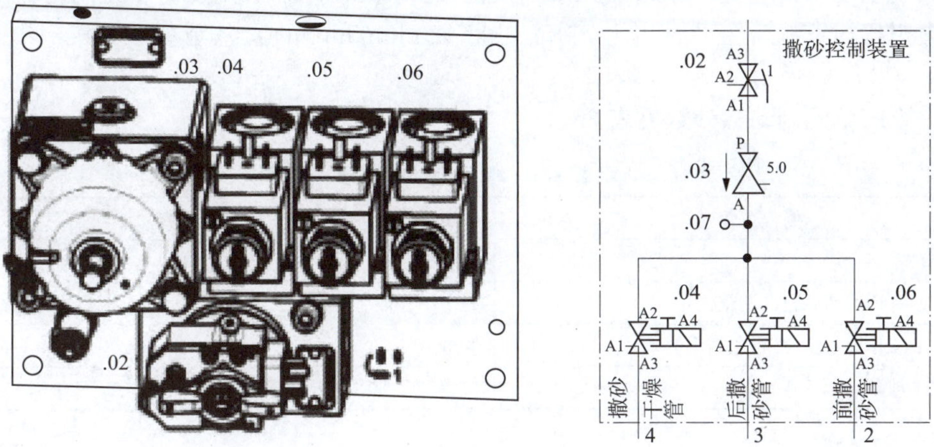

图 8.19 撒砂控制装置及原理

撒砂控制模块由撒砂塞门(.02)，减压阀(.03)，加热电磁阀(.04)，撒砂电磁阀(.05)，撒砂电磁阀(.06)等控制部件组成。

机车设有八个砂箱和撒砂装置，每个走行部上面四个砂箱，撒砂量可在标准要求的范围内调节。撒砂动作与司机脚踏开关、紧急制动、防空转、防滑行等功能配合使用，撒砂方向与机车实际运行方向一致。

HXD3C 型电力机车撒砂装置具有砂子加热功能，加热装置在砂箱底。

8.5.6 双管供风装置

HXD3C 型电力客运机车有双管供风装置，如图 8.20 所示，HXD3C 型电力货运机车无双管供风装置。

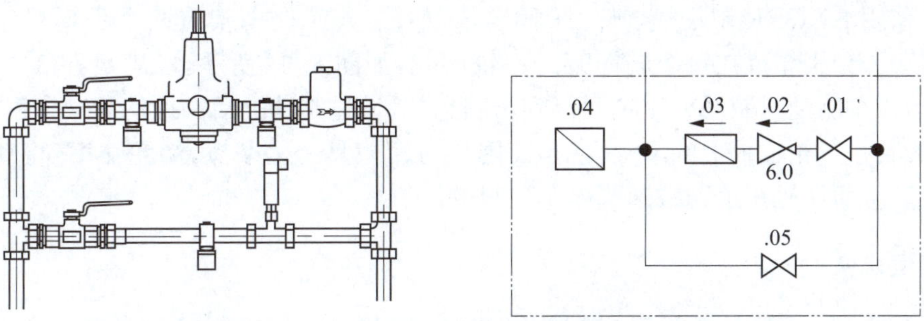

图 8.20 双管供风装置

HXD3C 型电力机车(客运)在机械间两侧各设置一套双管供风装置,用于为旅客车厢提供压力为 600 kPa 的压缩空气。

8.6 基础制动装置

8.6.1 主要技术参数

基础制动采用轮盘制动方式,包括制动盘装配、单元制动器和闸片。单元制动器由单元制动缸和夹钳机构组成。在平直道上,制动初速 120 km/h 时的紧急制动距离≤1 100 m(25 t 轴重)。

制动系统单元制动缸参数见表 8.1。

表 8.1 单元制动缸参数

项　　点	参　　数
数量×直径	12×15 英寸
是否带有闸瓦(片)间隙自动调整装置	是
基础制动装置传递效率(在紧急制动时)	>0.97
每转向架停放制动个数	2(保证在 30‰坡道上安全停车)

基础制动系统制动闸片参数见表 8.2。

表 8.2 制动闸片参数

项　　点	参　　数
闸片的材料	合成闸片
闸瓦片的平均摩擦系数	0.35
闸片温度限值	350(持续) ℃～430(短时) ℃
轮盘温度限值	>闸片限值温度

8.6.2 基本原理介绍

制动装置是对运行中的机车执行减速和停车的一种装置。HXD3C 型电力机车采用的是轮盘式制动,每个车轮安装一套独立的制动夹钳单元,制动夹钳单元采用三点吊挂式,无踏面清扫装置,采用 KNORR 制动盘,闸片采用合成闸片。每个转向架有两个带弹簧停车制动的制动夹钳单元,分别布置在每个转向架的一轴两侧,如图 8.21 所示,以满足在 30‰坡道停车的要求。当机车制动时制动夹钳单元得到压缩空气,通过制动缸活塞推动制动夹钳和闸片,压力作用到安装在车轮辐板上的摩擦盘上,使闸片与摩擦盘产生摩擦,消耗功率,将动能转变为热能散发掉,从而使机车达到减速或停车的目的。

8.6.3 构造说明

轮盘制动装置包括制动单元(带制动缸和带停放缸)、制动盘及闸片组成,制动单元如

图 8.22、图 8.23 所示。

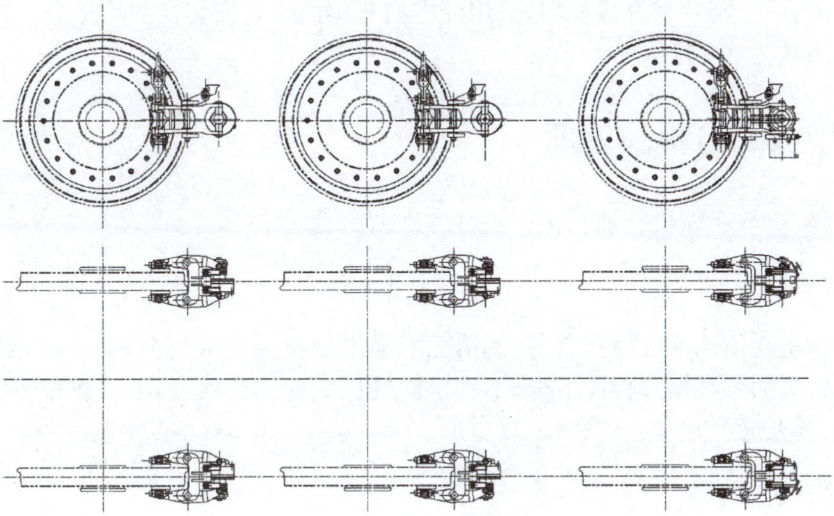

图 8.21 基础制动装置

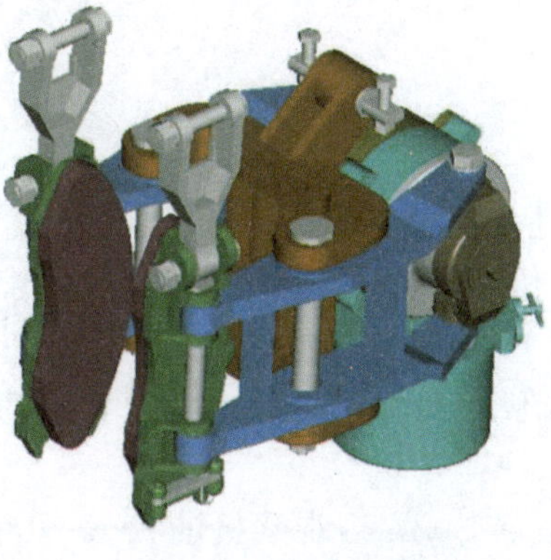

图 8.22 带停放缸制动单元

图 8.23 带制动缸制动单元

不带停放制动的制动夹钳单元是由制动缸作用部与闸片间隙调整器组成的一个独立的制动单元结构。闸片间隙调整器可以使闸片和制动盘磨耗过大后使盘片间隙得到自动的调整，使间隙始终保持在正常的数值范围内。

带停放制动的制动夹钳单元是由制动缸作用部与停放缸作用部组成的一个独立制动单元。当用于正常的制动时，停放缸得到压缩空气，弹簧停放缸缓解。然后缸内一直保持 550 kPa 的压力空气。其制动缸作用与不带停放的制动夹钳单元制动缸相同。当用于停车制动时，停放制动缸排气，停放缸实施制动。通过停放弹簧的弹力带动楔块拉杆机构，带动制动缸的活塞部分，推动夹钳，使闸片抱紧制动盘，实现停车制动或坡道停车制动。停车制动或坡道停车制动后，拉动手动缓解拉柄，可对停放缸进行手动缓解。

制动盘材料采用高强度合金铸铁。结构为带散热筋的环状结构。通过均布的 6 个 ϕ25 圆键和 18 个 M12 的 10.9 级高强度螺栓、全金属锁紧螺母安装在机车车轮辐板上，制动盘抗热温度不小于 400 ℃；闸片为合成材料，采用标准的燕尾插装式安装在闸片托上。制动盘与闸片的平均摩擦系数为 0.35。

8.7 典型故障分析及处理

典型故障：空气压缩机机油乳化。

8.7.1 故障说明

空气压缩机在使用一段时间后，某些情况下会出现机油变成乳黄色、乳白色的现象，此时空气压缩机机油的各种物理性能下降，不利于空气压缩机的继续使用。空气压缩机机油出现乳化现象时，要及时处理。

8.7.2 故障分析

空气压缩机机油发生乳化是因为空气压缩机运转的时候，有冷凝水进入到机油中，机油和水以一定比例混合就会产生乳化现象。当空气压缩机运转率不足的时候，空气压缩机机油发生乳化的概率较高。发生如乳化现象后，通过观察机油的乳化程度，可以初步判断机油是轻微乳化还是严重乳化，以便后续采取相应的处理方法。

8.7.3 处理方法

机油有轻微乳化时，可进行如下操作来去除乳化现象：

压缩机静置 1～2 h，微开压缩机排油口（位于机头底部和散热器底部），将位于下层的液态水排出，直至有油排出关闭排油口。

打开总风缸下方的排水塞门，使乳化的压缩机组连续运转 60 min 以上，停机后观察润滑油的状态，如果恢复正常可继续使用。

如果乳化现象减轻但没有完全恢复，再连续运转 30 min，观察机油状态，可重复进行上述操作，直至乳化消失。

使用延时工作模式，运行机车压缩机组减缓机油乳化。

机油严重乳化时，切勿自行处理，应及时联系主机厂及压缩机供货商进行分析处理。

9 车 体

9.1 概 述

车体既是机车大部分设备的载体，又是机车动力传递载体，除走行部件外的其他机械、电器设备以及附属装备都安装在车体上，同时在机车运行过程中，车体不但要传递牵引力和制动力给车钩以及承受垂直载荷，还要承受水平方向的冲击载荷和侧向力的作用。

HXD3C 型电力机车车体外形为多个圆柱面、平面组成，在圆柱面与平面间或平面与平面间采用大棱角过渡。

车体由底架、司机室、侧墙、顶盖、排障器、钩缓装置以及前窗玻璃、侧窗、机车门等附属部件组成，如图 9.1 所示。

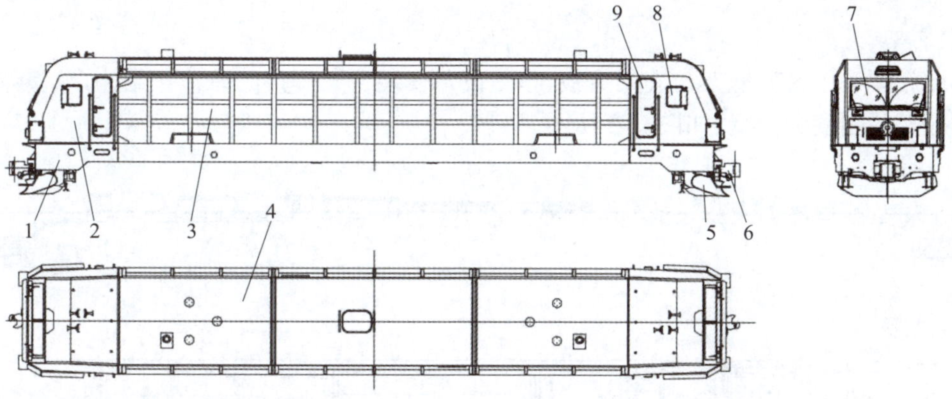

图 9.1 机车车体

1—底架；2—司机室；3—侧墙；4—顶盖；5—排障器；6—钩缓装置；7—前窗玻璃；8—侧窗；9—机车门

9.2 主要结构参数及特点

9.2.1 车体主要结构及参数

车体设计主要采用 UIC、DIN、EN 等国际铁路联盟、国外标准，其余采用了我国相关标准。车体承载结构采用整体承载方式，依照 UIC 566、EN 12663、ERRI B12/RP17 等相关静强度、疲劳强度设计及评判标准。车体主要结构特点如下：

(1)车体各部件主要由钢板和钢板压型件组成，其中司机室、底架、侧墙等组焊成一个箱形壳体结构，车体沿车钩纵向水平中心线可承受 3 000 kN 的静压力和 2 500 kN 的静拉力而不会产生永久性变形。

(2)车体底架侧梁外侧设有 4 个检修作业用的吊销套,车体前后牵引梁两旁还设有救援用的 4 个吊销套。

(3)车体与转向架之间设有备用的连接装置,可将车体同转向架一并吊起。车体和转向架同时整体或一端吊起时,车体各部分不会产生永久性变形和其他损坏。

(4)车体底架边梁下部设有 4 个架车支承座和供检修用的 4 个支承点。

(5)机车的司机室前端两侧设有方便调车员调车作业的脚踏板,并有相应的扶手。

(6)装配于车体下部的排障器、变压器等都有防松、防落装置,以增加机车运行的安全性。

车体主要结构参数如下:

车体宽度	3 100 mm
车钩纵向中心线距离	20 846 mm
车钩中心距轨面高	(880±10) mm
底架上平面距轨面高	1 600 mm
车体顶盖距轨面高	4 100 mm
排障器距轨面高	110^{+10}_{0} mm

9.2.2 车体部件结构特点

(1)底架

车体底架采用底架框架与底架盖板、车内设备安装台架焊接的一体化结构,从整体上提高了车体底架的刚度和强度,如图 9.2 所示。

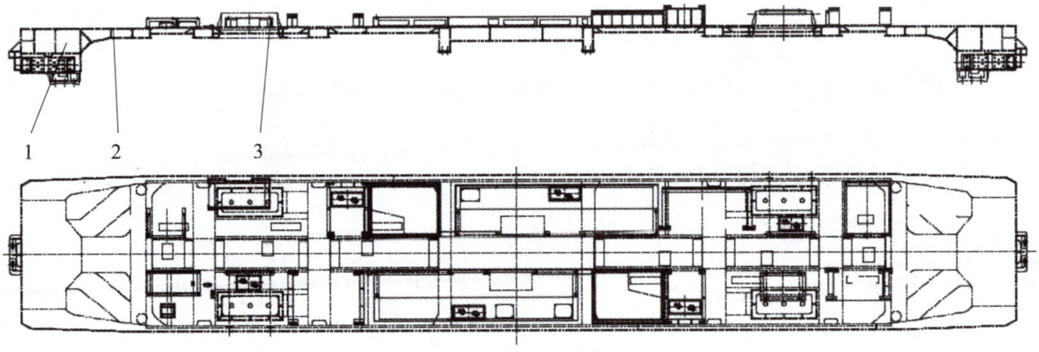

图 9.2 底架

1—底架框架;2—底架盖板;3—车内设备安装台架

底架框架主要由前后端梁、旁承梁、变压器梁、纵梁、边梁组成,如图 9.3 所示。底架框架能有效地提高车体纵向承载能力,并便于机车设备的模块化布置。

底架是机车车体的主要承载部件,它不仅承受垂向载荷,而且还传递机车的纵向牵引力及承受各种复杂的运动力。底架主体材料采用 Q345E。

前后端梁是传递牵引力、承受制动力与冲击力的主要部件,由上盖板、前端板、后端板、加强撑板、中心纵梁、下盖板、车钩箱等组成空腹箱形结构,牵引梁前端焊有冲击座;车钩箱直接

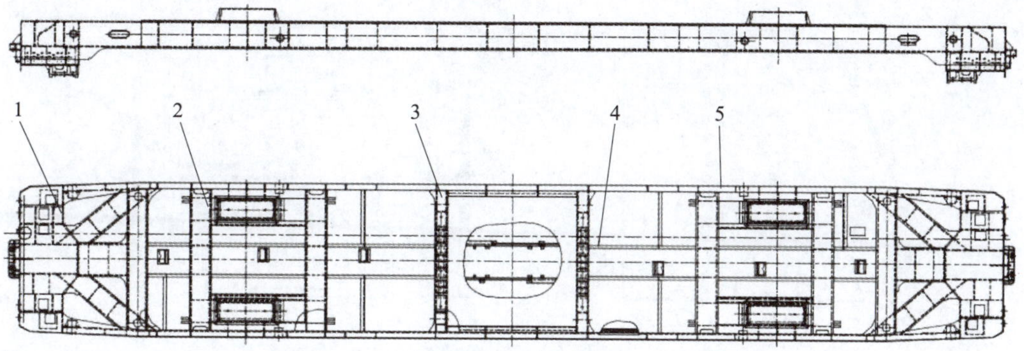

图 9.3 底架框架

1—前后端梁；2—旁承梁；3—变压器梁；4—纵梁；5—边梁

焊装于牵引梁的下盖板和前端板上，用于安装机车车钩、缓冲装置和过载保护装置。车钩箱为厚板组焊的加强箱体，有足够强度满足车钩传递的牵引和冲击力，与转向架相连的牵引拉杆座焊接在车钩箱的下部；另外牵引梁两侧装有机车救援吊销孔，其下盖板上还焊有用于安装排障器的安装条。

边梁位于底架两侧，是底架主要承载及传力部件，由 U 形压型梁与外立板组焊而成，边梁与端梁、旁承梁、变压器梁、底架盖板组焊，共同形成更加牢固的结构体。垂向减振器座焊接在边梁上，横向减振器座焊接中央纵梁下部，左右边梁上各设有 4 个吊销套，靠中间的吊销套用于机车的整体起吊，靠两端的用于单端救援；边梁底部在枕梁中心线的两侧焊有 4 个架车支承座和供检修用的 4 个支承点。

旁承梁由横梁、纵梁、旁承座、中梁、侧板等组成，主要承受车体和设备的重量载荷及其垂向冲击载荷。

变压器梁是由纵梁(由筋板和压型板组焊)和箱形横梁组焊成的框架梁，承载变压器的重量载荷及其冲击载荷。

中央纵梁为压型盆形梁，宽度 560 mm，与边梁一起传递机车纵向力。

在底架两牵引梁之间，焊装 8 mm 厚的盖板，用以装配机车设备或焊接装配设备的安装支架，各安装支架主要由压型梁与安装导轨组焊而成，盖板同时也进一步加强了底架的刚度和强度。

(2)司机室

司机室采用厚板与方管梁焊接形式。司机室是车体承载纵向力流的必经之路，前窗、侧窗四周布置有较强的封闭箱型梁，以满足承载的要求。在侧入口门安装框四角处和侧窗框上角，设计圆弧过渡角板，增强刚性，减小应力集中。蒙皮采用 10 mm 厚的 Q345E 材质钢板。在司机室侧墙和司机室顶盖之间，采用 $\phi80\times5$ 的圆管进行过渡连接。

司机室前面整体空开，在内部通过空调墙进行过渡和连接司机室侧墙及底板。后墙内部填充有防寒、吸音材料，有效隔离机械间噪声向司机室传递。

为保证司机室的防寒隔热，在司机室各主要骨架梁焊接前填充防寒吸音材料。

司机室结构如图 9.4 所示。

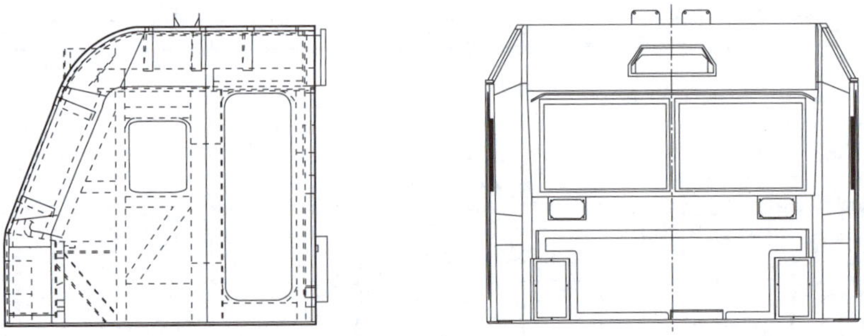

图 9.4　司机室

(3)侧墙

侧墙左右对称,其横梁及立柱均为 120 mm×75 mm×6 mm 的方管,组成网格式框架结构。蒙皮采用 09CuPCrNi 材料,上横梁方管焊有顶盖活动梁安装座及安装顶盖用活螺座。

侧墙结构如图 9.5 所示。

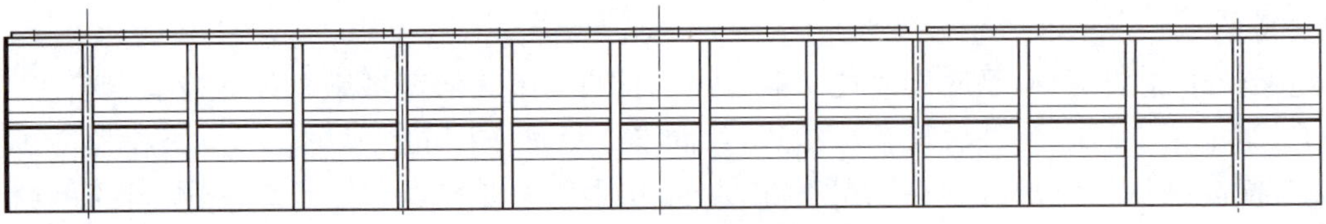

图 9.5　侧墙

(4)顶盖

顶盖由Ⅰ、Ⅱ端顶盖和中央顶盖组成。顶盖为带夹层整体通风腔结构,三个顶盖通风腔分别独立。顶盖侧斜面为通风进风口,对个别设备的通风,采用加隔板形成独立风道 。在Ⅰ、Ⅱ端顶盖上有受电弓和避雷器等的安装底座,中央顶盖上安装活动天窗,用于登上车顶检修作业。顶盖通风腔下盖板给车内设备预留了通风口,焊接有通风法兰等。同时,在Ⅰ、Ⅱ端顶盖通风腔下盖板上吊装有车体通风机,用来调节并使车内处于微正压状态。

顶盖结构如图 9.6 所示。

(5)排障器

排障器为压型犁式钢板和支撑梁组焊结构,左右对称并用螺栓紧固于前端牵引梁前下部。排障器底部距轨面高度为 110^{+10}_{0} mm,高度可调节,便于据轮缘磨耗程度调整距轨面的高度。排障器如图 9.7 所示。

9.3　牵引缓冲装置

牵引缓冲装置符合 TB/T 3334－2013《机车车钩缓冲装置》标准要求,由 100 型车钩、QKX100 型缓冲器等部件组成,如图 9.8 所示。

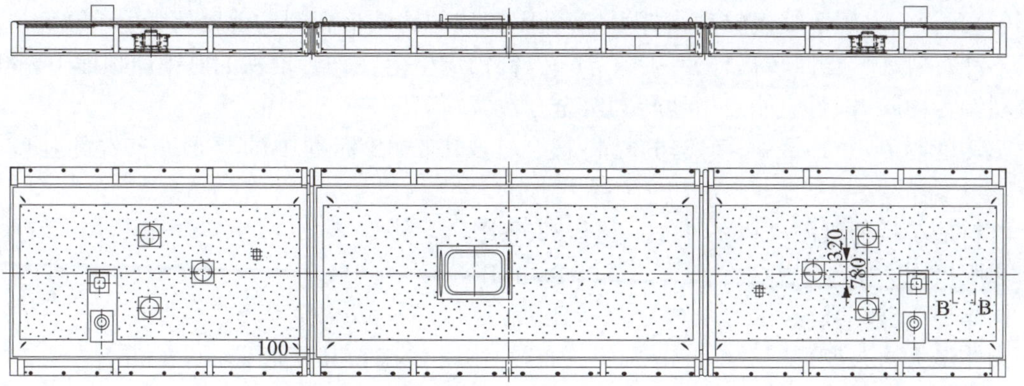

图 9.6 顶盖

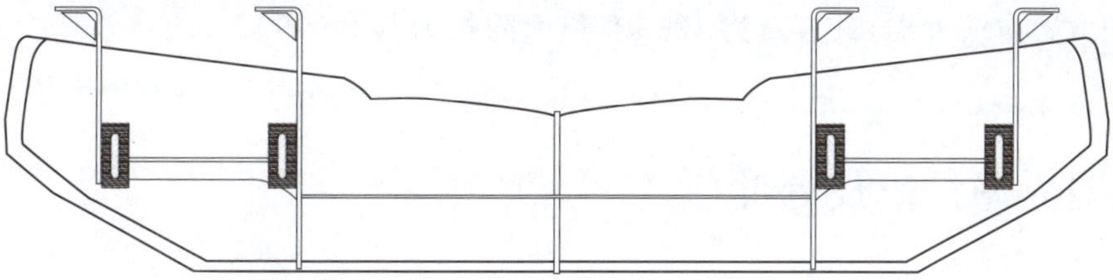

图 9.7 排障器结构

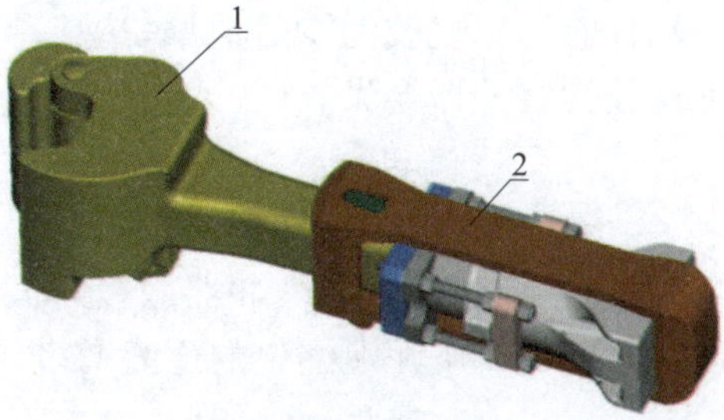

图 9.8 牵引缓冲装置及变形吸能元件

1—车钩；2—缓冲器

车钩能够在曲线半径不少于 R250 m 的弯道处摘挂，车钩在组装后其钩身可以在人力作用下摆动。车钩装有下作用式单侧手提杆以实现车钩开启及关闭动作。

车钩水平中心线距轨面高度为(880±10) mm，可通过在钩尾框托板上加垫或改变冲击支座下方吊杆装置的均衡梁上的磨耗板厚度对车钩高度的进行调整，每处磨耗板总厚度不大于 10 mm。

按 TB/T 456—2008《机车车辆用车钩、钩尾框》等标准规定，车钩的三态作用应良好：

(1)全开——用手持续稳定地旋转提杆手把，钩舌必须达到全开位置。

(2)闭锁——用手持续稳定地推动钩舌鼻部，钩舌应转动到全闭状态，同时钩锁应顺利地落到闭锁位置。钩锁处于闭锁位置时，车钩应处于防跳保护状态。

(3)开锁——用手缓慢转动提杆手把，使闭锁位的钩锁抬高到钩舌尾部以上。在此过程中钩舌不许有转动。当回转提杆使钩锁落下时，钩锁应坐落在钩舌推铁的座锁前顶面上，此时用手扳动钩舌内腕，钩舌应能自由地转动至全开位置。

车钩的材料为 E 级钢，车钩的材料符合 TB/T 2942 标准中的要求。车钩的强度参数如下：

材料最小拉伸极限	830 MPa
屈服极限	690 MPa
钩体最小破坏载荷	4 005 kN
钩体最大永久变形	加载 3 115 kN 时，其变形量≤0.8 mm
钩舌最小破坏载荷	3 430 kN
钩舌最大永久变形	加载 1 780 kN 时，其变形量≤0.8 mm

QKX100 弹性胶泥缓冲器主要由弹性胶泥芯子、壳体、连接板和螺杆等组成，QKX100 型缓冲器采用大容量缓冲器，其容量为 100 kJ，最大阻抗力为 2 500 kN，能有效减少来自机车的纵向冲击。

9.4 典型故障分析及处理

典型故障：弹性胶泥缓冲器失效。

9.4.1 故障说明

弹性胶泥缓冲器使用一段时间后，出现胶泥少量泄漏，造成弹性胶泥缓冲器功能下降，随着胶泥泄漏量的逐步增多，弹性胶泥缓冲器会失效。

9.4.2 故障分析

车辆持续在长大坡道线路上运行或弹性胶泥缓冲器服役时间过长，导致弹性胶泥缓冲器的胶泥芯子的密封可靠性逐步降低，随着胶泥泄漏量的逐渐增多，继而弹性胶泥缓冲器失效。

9.4.3 处理方法

检查发现弹性胶泥缓冲器出现胶泥泄漏较多时，须及时更换弹性胶泥缓冲器。

10 转 向 架

10.1 概 述

HXD3C 型电力机车转向架是在 HXD3 型、HXD3B 型机车转向架技术基础上自主创新的设计。采用了成熟先进的技术，如箱型梁焊接结构构架、轮盘制动、进口整体辗钢车轮、低位推挽式平直单牵引杆、单级斜齿轮传动、电机滚动抱轴悬挂方式、螺旋弹簧加单轴箱拉杆结构轴箱，二系悬挂装置采用高圆簧结构，配合横向减振器、二系垂向减振器、横向止挡、垂向止挡、摇头止挡、点头止挡等。机车在重载牵引条件下能以较高的速度平稳运行。转向架具有 23 t 和 25 t轴重转换的功能。

转向架主要由构架、一系悬挂装置、轮对驱动装置、二系悬挂装置、基础制动装置、电动机悬挂装置、配管装配、牵引装置、附属装置(轮缘润滑装置、撒砂装置、扫石器等)和进风道、整体起吊装置等组成(图 10.1)。

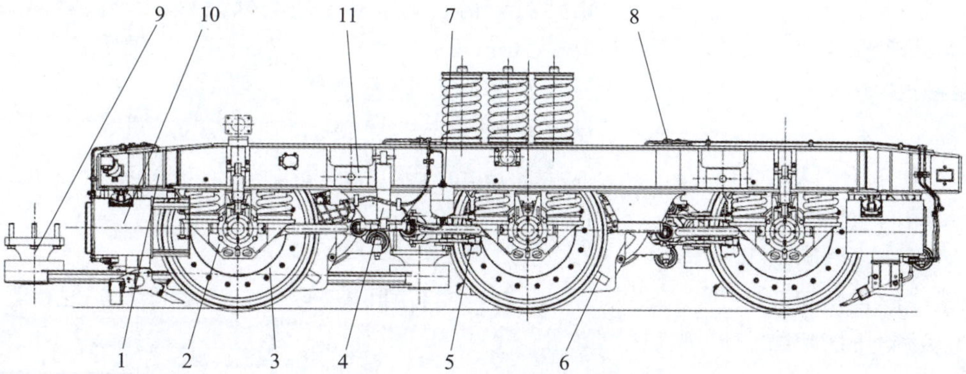

图 10.1 转向架结构

1—构架；2—一系悬挂装置；3—轮对驱动装置；4—二系悬挂装置；5—基础制动装置；6—电机悬挂装置；7—轮缘润滑装置；8—配管装配；9—牵引装置；10—附属装置；11—整体起吊装置

10.2 技术参数

转向架主要技术参数：

轴重	$23\times(1^{+3}_{-1}\%)$ t，$25\times(1^{+1}_{-3}\%)$ t
转向架总重	29 600 kg
电机质量	10 520 kg
单轴簧下质量	5 700 kg

牵引电机悬挂方式	滚动抱轴式半悬挂
轴距	(2 250＋2 000) mm
轨距	1 435 mm
转向架中心距	10 520 mm
轮对左右轴箱中心线间距	2 050 mm
二系支承点横向间距	2 050 mm
牵引方式	低位推挽式平直单牵引杆
牵引电机功率	1 225 kW
牵引点距轨面高度	230 mm
机车启动牵引力(每轴)	95 kN(25 t 轴重)
传动方式	滚动抱轴式单侧斜齿轮传动
齿轮传动比	101/21
轮径	新轮:1 250 mm 半磨耗:1 200 mm 全磨耗:1 150 mm
最大运用速度	120 km/h
一系悬挂方式	钢弹簧＋单轴箱拉杆＋垂向减振器
一系弹簧静挠度	54.7 mm(25 t 轴重); 39 mm(23 t 轴重)
二系悬挂方式	钢弹簧＋垂向减振器＋横向减振器
二系弹簧静挠度	103.8 mm(25 t 轴重);91.7 mm(23 t 轴重)
基础制动方式	轮盘制动单元(带蓄能)
限界	满足 GB 146.1—1983-1B
轴箱横向自由间隙	0—±15 mm—0
一系横向止挡间隙	10 mm
一系垂向止挡间隙	30 mm
二系横向止挡间隙	25 mm(其中自由间隙 20 mm、弹性间隙 5 mm)
二系垂向止挡间隙	45 mm

10.3 工作原理

转向架是电力机车的关键部件之一，它对机车运行的安全性、舒适性、稳定性、可靠运行、延长寿命及减少对轨道的破坏均起着重要的作用。转向架直接承受车体传来的各种静载荷、动载荷以及轮轨间产生的各种力，并传递牵引力和制动力，牵引机车在轨道上安全运行，因此，转向架除具有足够的安全可靠性及一定的运动稳定性储备，还具有优良的运行平稳性和较小的轮轨动作用力。线路条件直接影响转向架的动力学性能，因而保证良好的轮轨几何关系非常重要。根据线路条件及机车的结构和悬挂参数的匹配可达到机车最优的动力学性能。

转向架能够整体互换，转向架主要实现以下功能：支承车体重量；实现机车的导向；吸收和缓解来自轨道的冲击振动；适应机车的曲线通过；传递牵引和制动力；保证机车的安全性、平稳性;保证机车的舒适性;实现机车的其他功能。

10.4 构造说明

10.4.1 轮对轴箱

10.4.1.1 轮 对

车轮采用直径为 1 250 mm 的整体辗钢车轮,材料为 J11 或 J2,并满足 TJ/JW 003 或 TJ/JW 004标准要求;在车轮两侧装有制动盘,制动盘与车轮之间通过螺栓连接;车轮踏面采用符合 TB/T 449 的 JM3 磨耗型踏面。

车轴轴颈直径 160 mm,轮座直径 252 mm,轴身直径 230 mm;车轴材料是采用符合 GB 5068—1999的 JZ50 钢,按照国内成熟的设计和加工方法进行生产。

轮对内侧距 $1\ 353^{+0.5}_{-1}$ mm(未负载状态),其组装满足 TB/T 1463 的相关要求。

10.4.1.2 轴 箱

轴箱装配与构架弹性相连,把机车簧上部分的重量传递给轮对,同时将来自轮对的牵引力、制动力、横向力等传递到构架上。轴箱采用独立悬挂,轴箱相对构架的上、下和横向移动,靠轴箱弹簧、橡胶元件的弹性变形来获得。轴箱装配主要由前后端盖、轴箱体、吊钩、整体轴承、压盖、接地装置、速度传感器、轴箱拉杆、一系弹簧和橡胶减振垫、一系垂向减振器等组成。轴箱端部安装有接地装置、速度传感器,如图 10.2、图 10.3 所示。

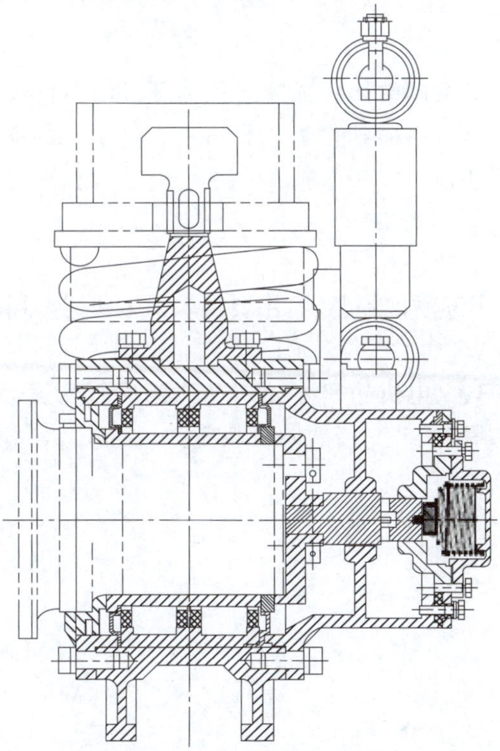

图 10.2 端轴轴箱组装(带接地装置)

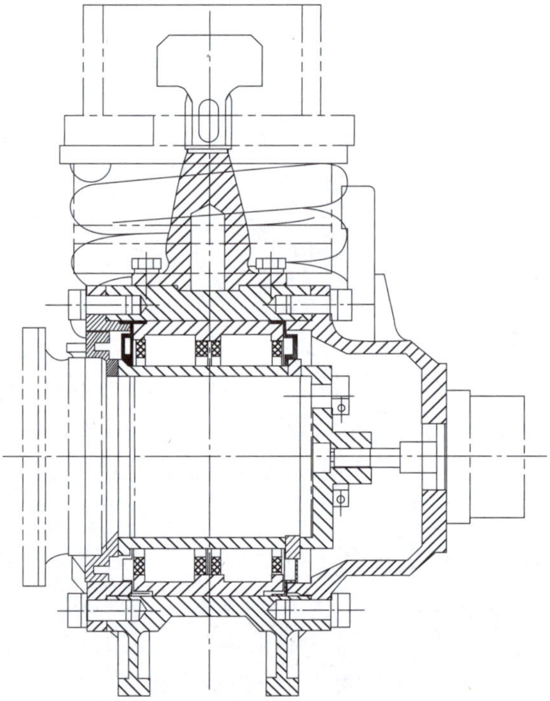

图 10.3　中间轴轴箱组装（带速度传感器）

10.4.1.3　轴箱轴承

一位、三位轮对轴箱轴承采用整体式圆柱滚子轴承，没有自由横动量，中间位轮对轴箱轴承采用整体式圆柱滚子轴承，自由横动量为±15 mm。整体式轴承便于控制轴箱横动量和保证轴承油脂不泄漏，维护周期长。

10.4.2　驱动装置

驱动装置（图 10.4）采用滚动抱轴驱动，主要由牵引电机、抱轴箱、传动齿轮箱等组成。

10.4.2.1　传动齿轮

机车牵引齿轮传递功率大（电机功率 1 225 kW），齿轮线速度高（最大可达 26 m/s），齿轮为高速重载传动，并能抵御瞬时 5～6 倍的冲击载荷。

其主要参数如下：

螺旋角	8°
传动比	4.81(101/21)
模数	9(m_n)
齿轮材料	18CrNiMo7-6(EN 10084)
大小齿轮中心距	565 mm
轮齿质量（精度）等级根据 DIN 3 990	六级

小齿轮内孔与电机轴的配合采用了锥度配合结构，锥度为 1∶50，采用压入量 14 mm，如

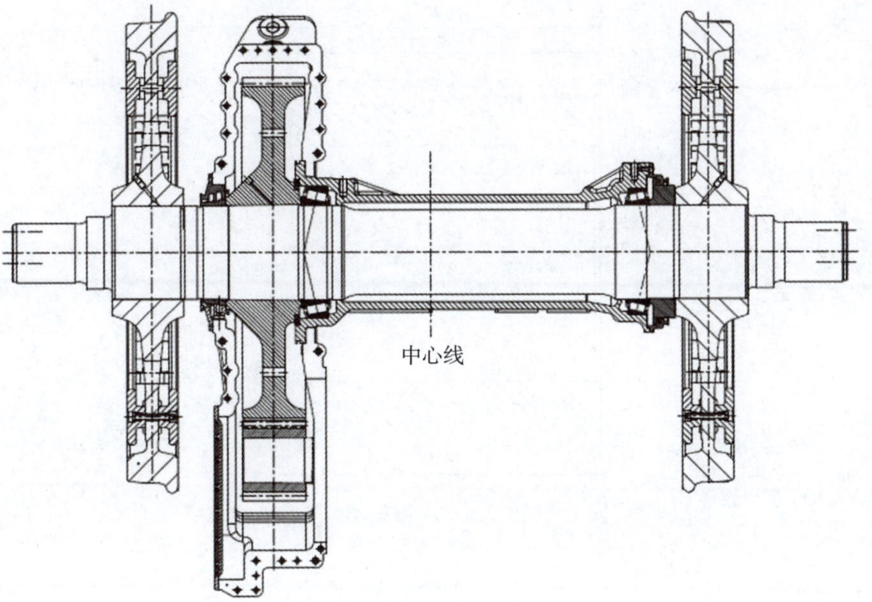

图 10.4 驱动装置

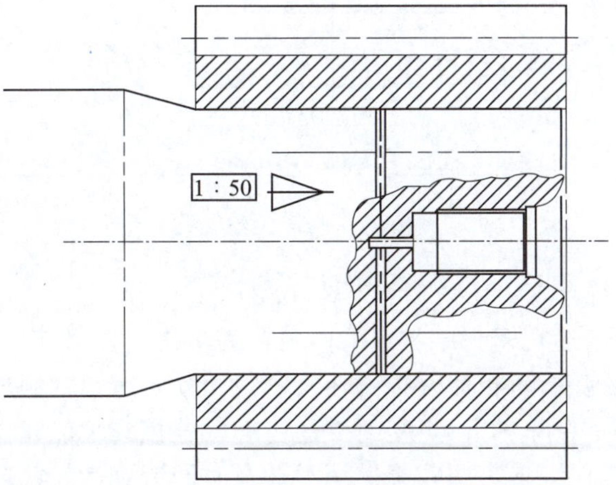

图 10.5 小齿轮与电机连接

图 10.5、图 10.6 所示。

从动齿轮采用整体式结构，内孔与车轴也采用锥度配合，锥度为 1：50(图 10.7)，主从齿轮都采用注油压装工艺装配到轴上。

10.4.2.2 齿 轮 箱

齿轮箱采用上下箱体水平分箱结构，上下箱体采用销定位及螺栓连接，结合面采用厌氧密封胶保证密封性，靠近车轮设置了观察窗口，便于齿轮的检查维护，齿轮箱顶部设置有通气器用于调节箱体内部的压力，防止齿轮箱内外压差过大导致润滑油泄漏，齿轮箱体采用 EN-GJS-

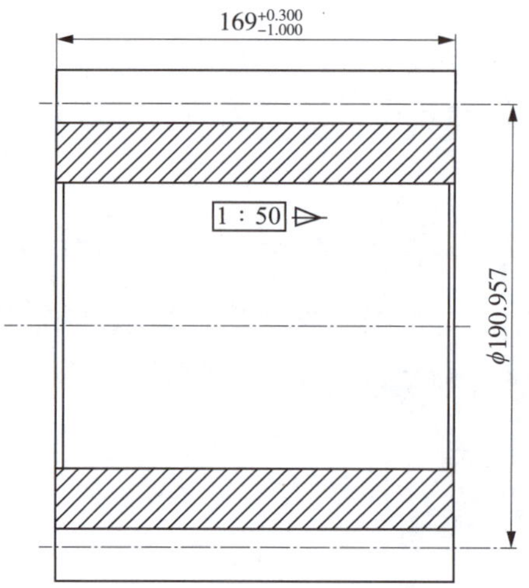

图 10.6　小齿轮结构

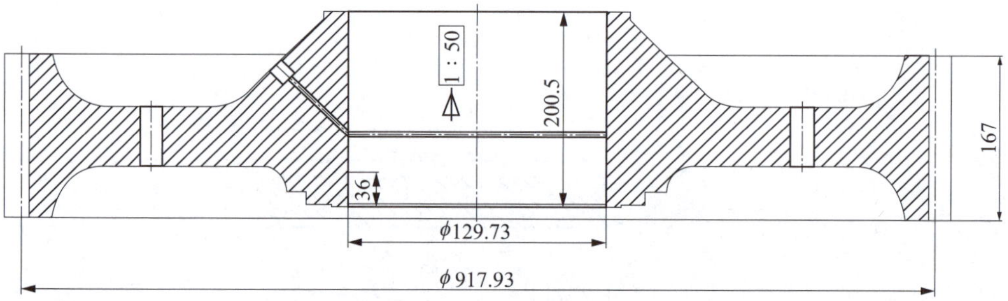

图 10.7　从动齿轮结构

500-7U 球墨铸铁材料，符合 EN 1563 标准(图 10.8)。

齿轮箱采用非接触的迷宫密封结构(图 10.9)，其结构既保证齿轮箱与车轴的密封，又保证齿轮润滑油不会进入抱轴箱；箱体两边的迷宫密封由动定密封件组成，靠齿轮侧(外侧)的动密封件通过过盈方式固定在车轴上，定密封件通过螺栓连接在齿轮箱体上，定密封件上设置了合理的回油孔和回油道，保证迷宫内收集的润滑油及时回流到齿轮箱内部；非齿侧(内侧)的动密封件通过过盈配合固定在从动齿轮上，定密封迷宫集成在抱轴箱上，设计结构紧凑，极大地减少了零部件数量，同时达到良好的密封性，保证运行过程中润滑油不泄漏。

齿轮油选用 Mobil Delvac Synthetic Gear Oil 75W-90 或 BP-Energear SHX-LS75W/90，滚动抱轴承采用脂润滑，润滑脂选用 Mobiltemp SHC32。

齿轮箱大端的电机侧分别通过 3 个支点与电机连接，小端则通过螺栓连接到抱轴箱一端，使齿轮箱的固定成为超静定结构，支点的连接方式为带有螺纹调整套的间隙调节机构，如图 10.10 所示，可以根据齿轮箱实际安装间隙来进行调节，不需使用等级调整垫圈，可以做到间隙无级调节，以弥补齿轮箱的加工及安装误差，实现齿轮箱的无应力安装，改善齿轮箱的受力状态。

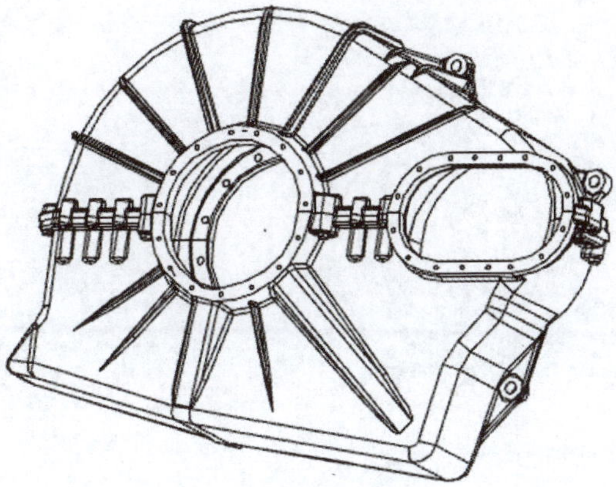

图 10.8　齿轮箱结构

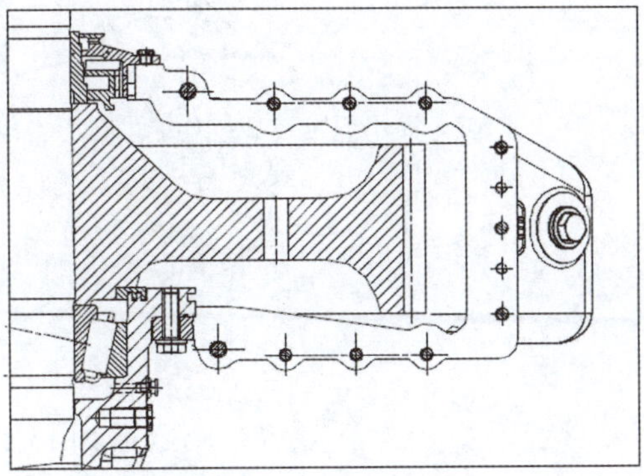

图 10.9　齿轮箱密封装置

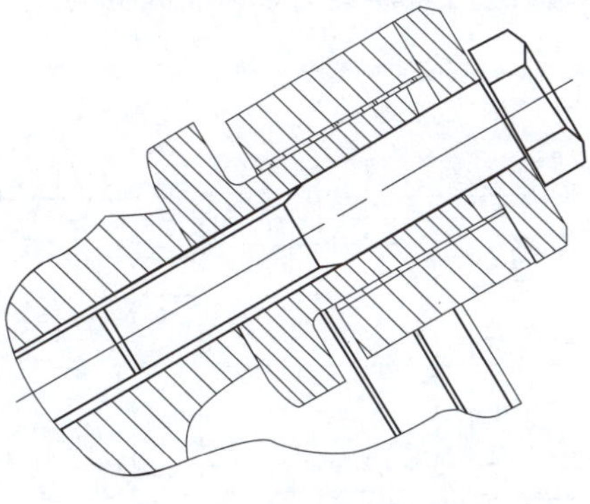

图 10.10　支点间隙调整

10.4.2.3　抱 轴 箱

抱轴箱是驱动装置的一个关键结构部件，抱轴箱两端设有滚动抱轴承座，通过对置的一对圆锥滚子轴承，将齿轮箱和一部分牵引电机质量悬挂在车轴轴身上，构成轴悬式驱动装置，抱轴箱采用封闭式抱轴箱结构，两端设有滚动抱轴承座，抱轴箱与牵引电机合口采用键定位，并通过 8 个 M36 螺栓连接，抱轴箱轴承座处设有油杯，便于注脂及补脂。抱轴箱上还设有 6A 传感器接口，实现对抱轴承温度及振动的实时监控，达到故障预警及报警的功能。对置的圆锥滚子轴承通过组装工艺保证恰当游隙，并由非齿侧的迷宫环将位置固定，以保证抱轴承寿命及整个驱动系统的运行可靠性。

抱轴箱与齿轮箱同样采用球墨铸铁材料，材料为满足 EN 1563 标准的 EN-GJS-500-7U；其结构如图 10.11 所示。

10.4.3　构　　架

构架组焊后成目字形箱型梁结构，由左右侧梁、前后端梁、牵引横梁、横梁和各种附加支座等组成，牵引梁布置在构架的中间，其上焊有牵引座和牵引销，基本成对称布置。采用高可靠

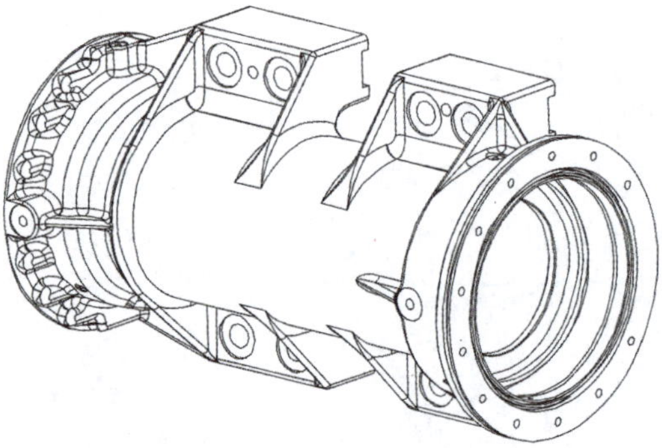

图 10.11　抱轴箱结构

性和轻量化结构，各梁连接处采用圆弧过渡，应力分布均匀，如图 10.12 所示。

构架本体材料为 Q345E 钢板，在－40 ℃时保证良好的低温性能，焊接符合 TB/T 1580—1995 标准要求。构架组焊完成后进行整体退火以降低焊接应力。

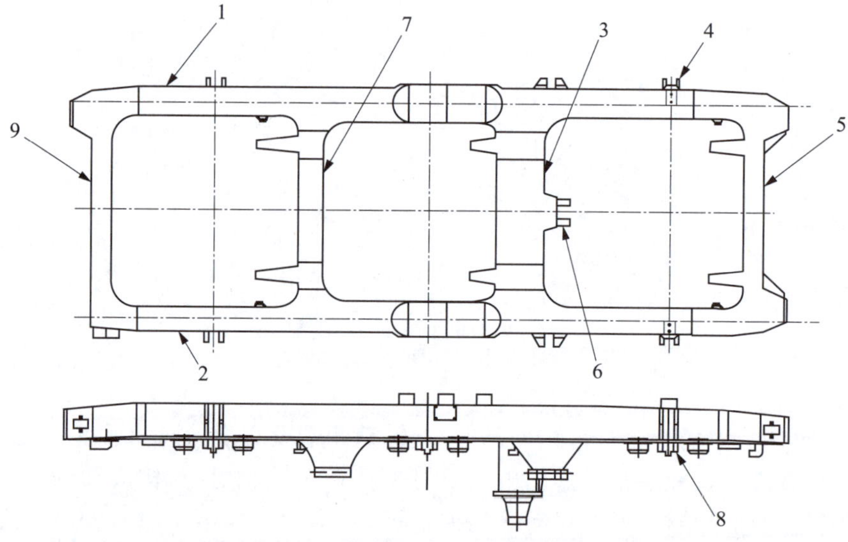

图 10.12　转向架构架外形结构

1—左侧梁；2—右侧梁；3—牵引横梁；4—减振器座；5—前端梁；6—电机吊杆座；7—横梁；8—轴箱止挡；9—后端梁

构架静强度和疲劳强度符合 UIC615-4 标准要求，采用有限元分析和结构模态计算进行应力分布、结构固有频率、动力响应及耐久性等分析，对焊缝进行疲劳强度评估，对电机吊座结构及其附近的结构强度重点分析。

通过构架结构强度试验确认其在运行中受组合作用力时不会产生永久变形和裂损的危险，确认构架的实际疲劳性能、可能存在的薄弱环节及其安全系数。

10.4.4 一系悬挂装置

一系弹簧及其橡胶减振垫，配合一系垂向减振器，轴箱装配采用单拉杆与构架相连，构成了一系悬挂系统，如图 10.13 所示。

一系悬挂装置两端轴由钢圆簧、轴箱拉杆、垂向减振器、整体起吊组成，中间轴由钢圆簧、轴箱拉杆、整体起吊组成，起吊装置能实现轮对驱动装置的整体起吊功能。轴箱采用单侧轴箱拉杆定位，轴箱拉杆两端采用球形橡胶关节。

每轴箱上安装两个钢弹簧。每弹簧下部设置有橡胶垫，上端配有用于轴重在 25 t 和 23 t 之间调整的轴重调整垫。垂向减振器安装在端轴的两侧(中间轴不设减振器)，每转向架含 4 个一系垂向减振器，该减振器安装在车轴中心线上，两端分别连接轴箱与构架侧梁；轴箱拉杆和一系簧一起实现轴箱定位。一系簧主要提供垂向、横向刚度，轴箱拉杆主要提供纵向刚度。

一系悬挂结构的特点是：结构简单，且可实现一系纵向、横向弹性参数相对独立。并且一系纵向刚度大，横向刚度小，有利于提高临界速度，保持驱动系统稳定，提高黏着利用率并改善曲线通过性能。

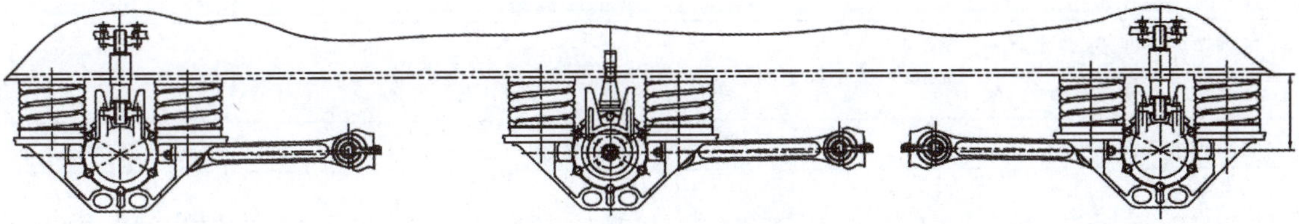

图 10.13 一系悬挂系统

一系悬挂装置参数见表 10.1。

表 10.1 一系悬挂参数

一系弹簧加橡胶垫的纵向刚度(每个)(MN/m)		1.7	
一系弹簧加橡胶垫的横向刚度(每个)(MN/m)		1.7	
一系弹簧加橡胶垫的垂向刚度(每个)(MN/m)		0.9	
轴箱拉杆长度(mm)		650	
轴箱拉杆橡胶关节的纵向刚度(每个)(MN/m)		85	
轴箱拉杆橡胶关节的扭转刚度(每个)[N/(°)]		36	
轴箱拉杆橡胶关节的偏转刚度(每个)[N/(°)]		21	
一系垂向减振器阻尼	速度(m/s)	0.1	0.3
	拉伸阻尼力(N)	5 100	10 000
	压缩阻尼力(N)	5 100	10 000

10.4.5 二系悬挂装置

二系悬挂装置由高圆弹簧、二系垂向减振器和横向减振器组成。每个转向架上有两组高圆簧(每组三个)布置在左右侧架中央部分。布置有两个垂向减振器和两个横向减振器。每弹簧下部安装有橡胶垫,每弹簧上端配有一用于轴重在 25 t 和 23 t 之间调整的轴重调整垫。

二系横向减振器布置在构架端梁上,可以降低轮轴横向力。

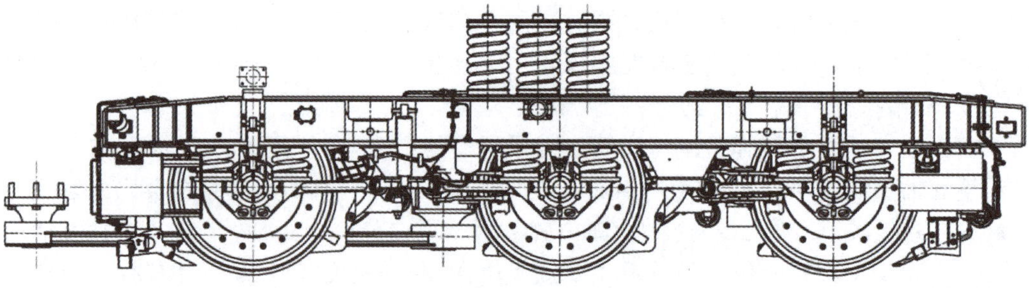

图 10.14　二系悬挂装置布置

二系悬挂装置参数见表 10.2。

表 10.2　二系悬挂参数

二系弹簧纵向刚度(每个)(MN/m)		0.34			
二系弹簧横向刚度(每个)(MN/m)		0.34			
二系弹簧垂向刚度(每个)(MN/m)		0.7			
二系垂向减振器阻尼	速度(m/s)	0.1	0.3		
	拉伸阻尼力(N)	12 000	22 000		
	压缩阻尼力(N)	12 000	22 000		
二系水平减振器阻尼	速度(m/s)	0.05	0.1	0.2	0.3
	拉伸阻尼力(N)	5 000	9 600	16 000	20 000
	压缩阻尼力(N)	5 000	9 600	16 000	20 000

10.4.6　牵引装置

牵引装置是连接机车车体与转向架的重要组成部分,其主要作用是传递机车的牵引力和制动力,且能适应机车车体与转向架之间的各种相对运动。

HXD3C 型电力机车牵引装置采用推挽式中央平拉杆结构。主要部件包括:牵引销装配、橡胶关节、托板、牵引杆体等,牵引装置外形结构如图 10.15、图 10.16 所示。

10.4.7　牵引电机悬挂装置

电机悬挂方式为滚动抱轴式半悬挂。牵引电机一端通过滚动抱轴箱装配支承在车轴上,另一端通过一根两端带橡胶关节的吊杆弹性悬挂在构架的横梁和后端梁上。

电机悬挂装置由牵引电动机、吊杆等组成,电机悬挂装置外形结构如图 10.17 所示。电机悬挂采用了防脱落装置(通过安装在构架牵引梁上的安全托来实现);电机吊杆长度 400 mm,电机吊挂关节的径向刚度 190 kN/mm。

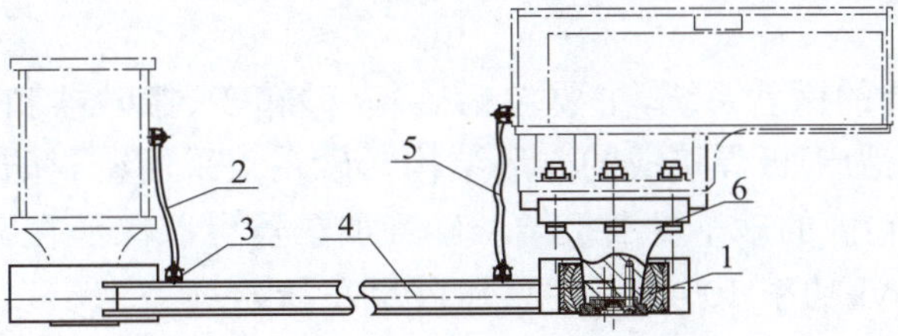

图 10.15　牵引装置外形结构

1—橡胶关节；2，5—钢丝绳；3—安全索座；4—牵引杆体；6—牵引销装配

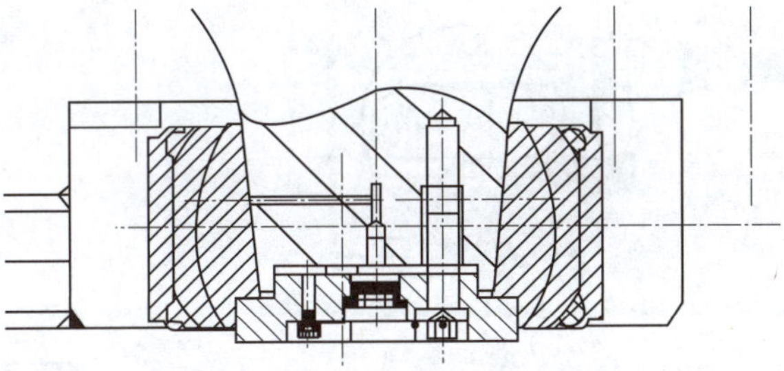

图 10.16　牵引球铰连接结构

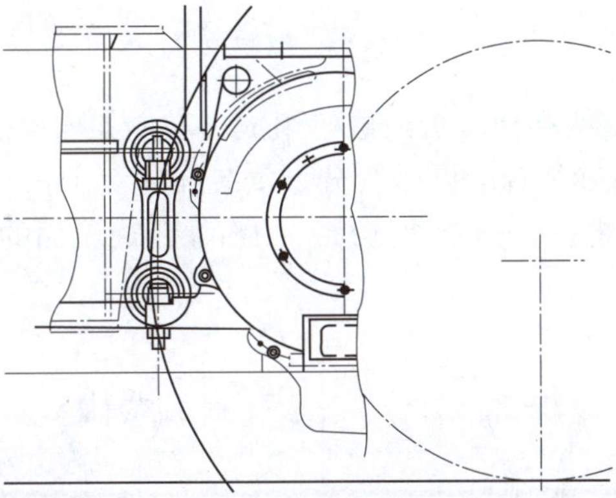

图 10.17　电动机悬挂装置

10.4.8　轮缘润滑装置

HXD3C 机车转向架采用湿式非接触式的 HB-2 型轮缘润滑器系统，该装置安装在机车的一轴位、六轴位，由电控器、油脂罐、喷头、支架、风路系统等组成。HB-2 型轮缘润滑装置通过采集机车电机的速度信号来实现定距喷脂的控制模式，并具有弯道加量功能。喷脂的定距可在 200～900 m 范围内可调，喷脂时间为 1.7～2.3 s。

10.4.9 砂箱与扫石器

采用 KNORR 设计的撒砂系统，主要包括砂箱、砂箱盖、撒砂器和砂管加热器，撒砂装置如图 10.18 所示。砂箱为钢板焊接成的方形结构。砂箱盖采用密封防水型，撒砂装置采用电加热烘干系统，防止砂箱内的砂子受潮板结。砂管加热器可以保证在寒冷风雪天气的撒砂顺畅。加热电压 AC 220 V，功率 100 W。建议撒砂量在 0.3～0.7 L/min。

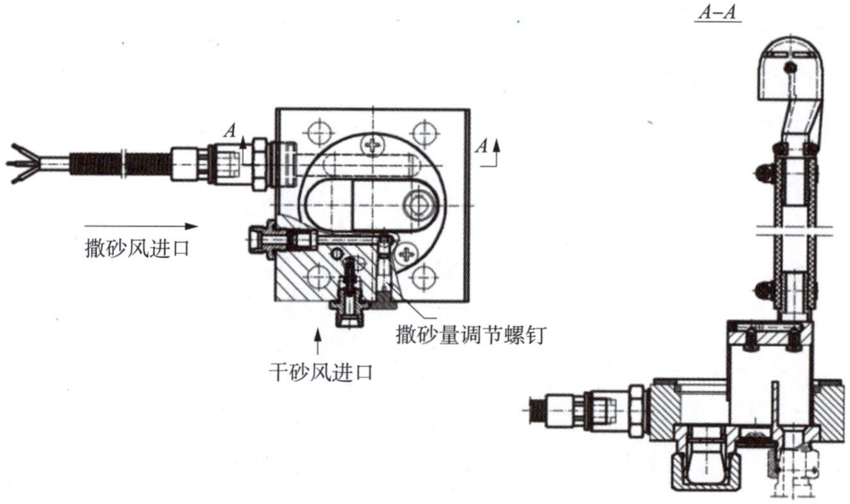

图 10.18 撒砂装置

扫石器由扫石器安装支架和橡胶板组成等组成。转向架构架前端共安装了 2 个扫石器支架，如图 10.19 所示，2 套撒砂装置的撒砂管分别安装在这 2 个扫石器支架上。扫石器支架由钢板等焊接而成，支架通过螺栓与构架相连接。扫石器距离轨面的高度(30±10) mm(可调)。

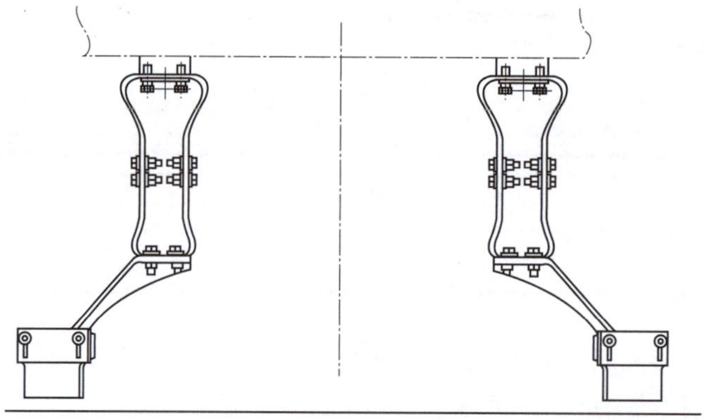

图 10.19 扫石器装配

10.4.10 转向架空气管路

空气管路由常用制动空气管路、停放制动空气管路、撒砂装置空气管路等组成，整个管路系统采用不锈钢管通过卡套式接头、橡胶密封接头和软管连接，为实施制动功能和撒砂功能传输压缩空气。

10.4.11 起吊装置

机车整体起吊装置是用作机车提升的安全装置，该整体起吊装置能承受转向架和车体之间产生的提升力。起吊装置只有在机车需要整体起吊时才安装。它采用吊杆结构将车体与转向架连接，吊杆结构将构架与轮对连接。在整体起吊时，车体将构架升起，同时通过吊杆将轮对提升起。其结构如图 10.20 所示。

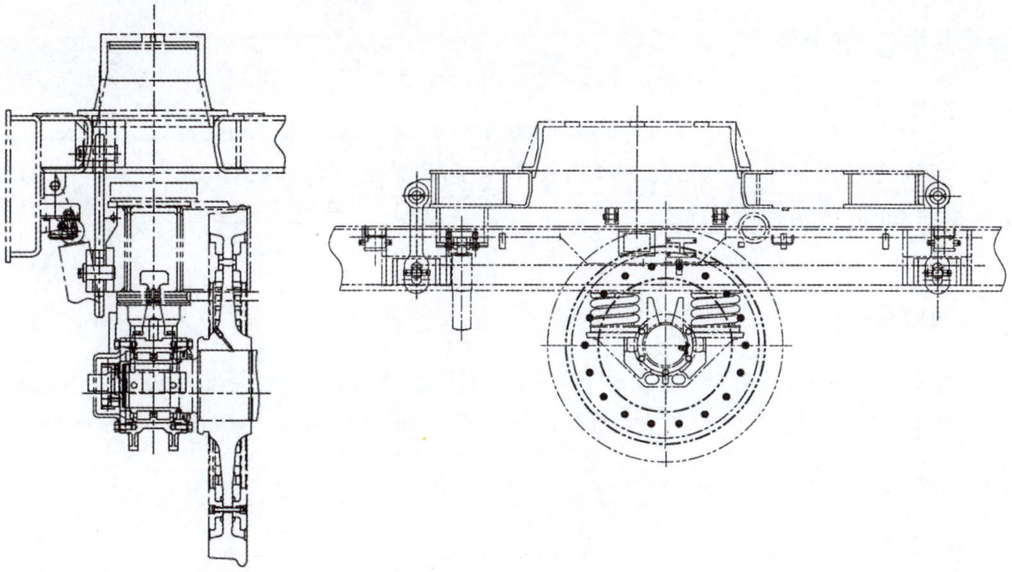

图 10.20 整体起吊装置

10.4.12 附属装置

附属装置包括一系垂向、横向止挡，二系垂向、横向、摇头止挡等，如图 10.21 所示。

一系横向止挡间隙	10 mm
一系垂向止挡间隙	30 mm
二系垂向止挡间隙	45 mm
二系横向止挡间隙	25 mm，其中 20 mm 自由间隙，5 mm 弹性间隙
二系摇头止挡间隙	98.5 mm

转向架上侧 1 轴及 6 轴附近侧架止挡与车体止挡间隙的两侧之和平均值为 98.5 mm。当两侧之和的平均值超出该值时，需进行调整。首先测量出其超出量的平均值，作为调整垫片的

厚度，分别加到两侧的侧挡上，并拧紧螺栓。

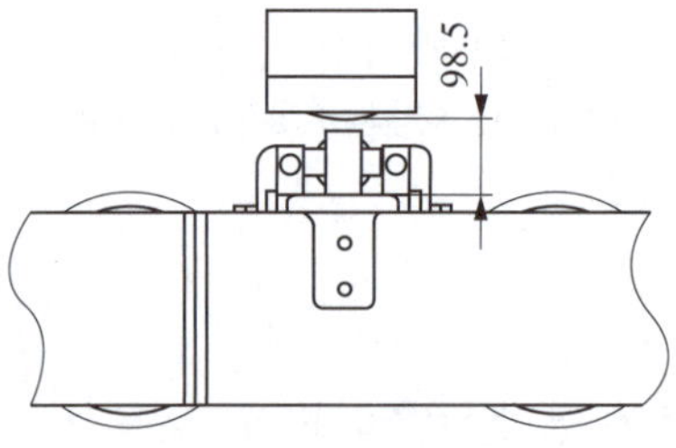

图 10.21 摇头止挡

10.5 典型故障分析及处理

典型故障：撒砂单元不下砂。

10.5.1 故障说明

机车在运行过程中因轮轨黏着下降出现车轮空转现象，司机或微机控制撒砂系统进行撒砂，改善轮轨黏着，但是会出现撒砂器不下砂或撒砂量很少，导致轮轨黏着没有改善，空转没有缓解的情况。

10.5.2 故障分析

造成撒砂不畅的原因有，砂箱缺砂、砂管出口阻塞、砂箱密封性不好(仅限于压差式撒砂器)、用于吹砂的风压太低、砂粒过大(不符合标准的劣质砂粒)都会造成撒砂器不下砂。

10.5.3 处理方法

当撒砂装置发生不出砂情况时，应进行如下检查：

(1)首先检查砂箱盖是否盖严，若有漏气，修正漏气部位。

(2)检查气路是否畅通，若气压不足，调节气压到要求值。

(3)检查撒砂出砂管口是否堵塞，若有堵塞，清理堵塞物。

(4)检查是否缺砂，并及时补充砂粒。

(5)检查机车用砂是否满足 TB/T 3254—2011《机车、动车用撒砂装置》附录 A 中相关要求。

11　车载安全监测设备

11.1　概　　述

HXD3C 型电力机车的车载安全监测设备包括列车运行控制系统车载设备、6A 系统。承担着机车车载安全防护、机车信号信息处理等功能。

11.2　列车运行控制系统车载设备

列车运行控制系统由信号车载系统、车号识别系统、运行监控系统及综合通信系统组成，实现列车信号信息的处理、解调、译码、传输，建立铁路车号、车次信息自动化采集报告体系，实时提供列车、机车、货车的标识、属性和位置信息，安全控制列车速度，采集记录与列车安全运行有关的各种机车运行状态信息，并与地面进行无线通信。

11.2.1　机车信号车载系统

机车信号车载系统是以保障机车运行安全为主要目的。机车信号车载系统接收钢轨线路(或环线)中传输的作为行车凭证的机车信号信息，并对此信息进行处理、解调、译码后输出显示给司机，同时输出到监控装置作为控车基本条件。

JT-C 系列机车信号车载系统设备，采用先进 DSP 技术、完善的安全性技术，符合铁路信号故障—安全原则。应用了诸如："二乘二取二"的容错安全结构、频域处理和时域处理相结合技术、机车信号数据记录技术等十多项先进的安全技术措施，满足机车信号主体化即机车信号作为行车凭证的严格要求。

11.2.2　系统构成

JT-C 系列机车信号车载系统主要由 JT-C 机车信号主机、机车信号双路接收线圈和双面八显示机车信号机组成，如图 11.1 所示。

机车信号主机对接收的信号进行处理，解调、译码得到信号信息，输出到机车信号机显示给司机，同时机车信号信息输出到监控装置作为控车基本条件，其额定电压为直流 110 V，额定功率 48 W。

机车信号记录器可对机车信号运行状态及地面信息进行记录。

其外形示意图和插件布置示意如图 11.2 所示。

机车信号显示器采用双面八显示机车信号机与载频切换(上下行)开关及 UM71 模式选择开关一体化设计，额定电压 48 V，额定功率 6 W。机车信号机按主机译码后的点灯输出及

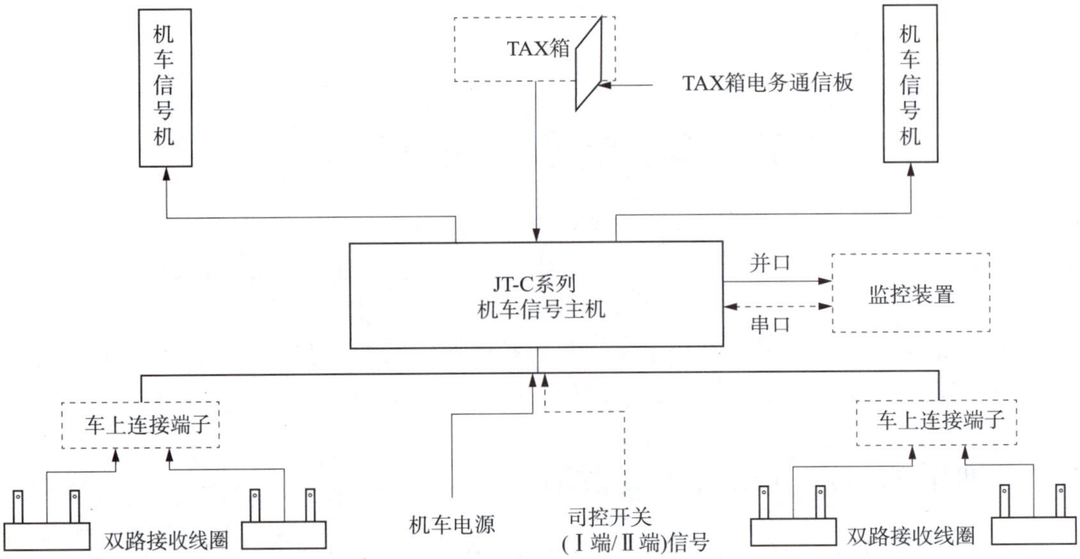

图 11.1　JT-C 系列机车信号车载系统组成

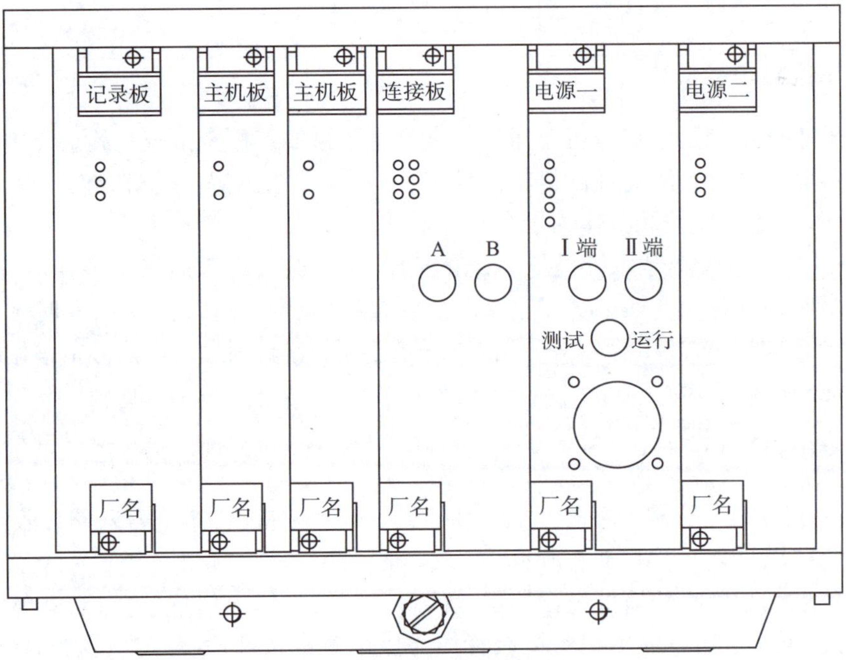

图 11.2　机车信号主机外形示意

制式输出显示；信号机下端设有载频切换(上下行)开关和载频组指示灯，指示灯可显示机车信号主机正在接收的载频组(上下行)状态；同时设有 UM71 模式选择开关和对应模式指示灯(UM71 低频信息定义统一后取消)。其外形示意如图 11.3 所示。

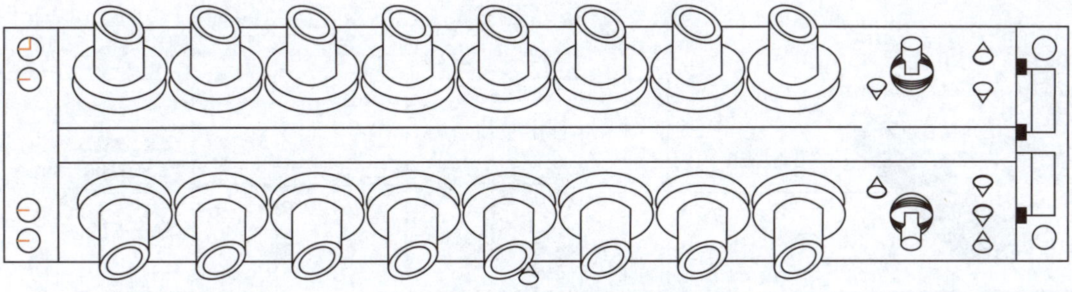

图 11.3 双面八显示机车信号机

机车信号接收线圈安装在机车排障器后侧，通过与钢轨的电磁耦合接收钢轨上的信号，然后传送给机车信号主机。接收线圈内部为双路冗余线圈，保证当在一路接收线圈断线或因中间连线故障而使主机无法接收到地面信号时，另外一路接收线圈保证机车信号主机仍能正常译码输出。机车信号接收线圈外形示意如图 11.4 所示。

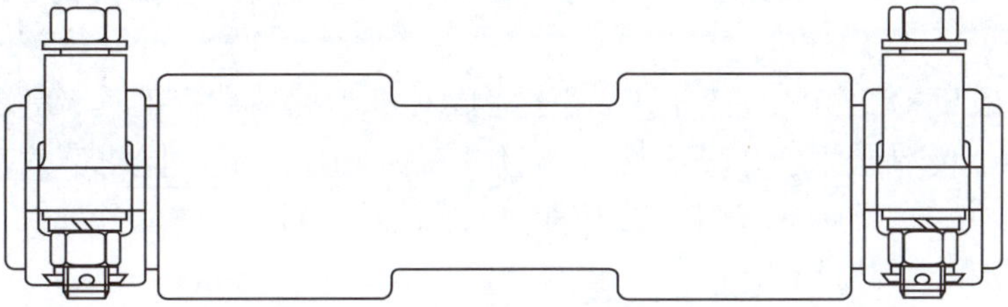

图 11.4 机车信号接收线圈外形

机车信号记录器所需 TAX2 箱信息取自电务通信板，该电路板插在 TAX 箱的备用插槽内。

该信号车载系统可应用的轨道电路制式有：(1)ZPW-2000 系列(包括 UM71 系列，下同)；(2)移频(18 信息、8 信息、4 信息)；(3)交流计数和微电子交流计数(25 Hz、50 Hz)。根据用户需求，可适用 UM2000 等其他轨道电路制式。

11.2.3 机车车号识别车载设备

机车车号自动识别系统是铁路运输信息系统中数据自动采集的基础。该系统在铁路所有货车上安装只读标签，在机车上安装可在线改写标签，在铁路所有编组站、区段站、大型货运站的出入口，以及铁路局间分界口、铁路分局间分界口安装地面识别设备，建立铁路车号、车次信息自动化采集报告体系，实时提供列车、机车、货车的标识、属性和位置信息，提高信息采集的可靠性、实时性、准确性，加速实现对列车、货车、机车的追踪管理等。

机车车号识别车载设备采用机车标签双向数据传输系统，采用二次调制方式，实现车到地(标签数据)和地到车(地面公里标等上传数据)间的双向数据传输；机车标签双向数据传输系统可向下兼容原有系统，保持新旧系统(原有车号自动识别系统)的工程安装和系统日常维护和管理程序不变。

机车车号识别车载设备主要由双向电子标签和 TMIS 插件组成，如图 11.5 所示。

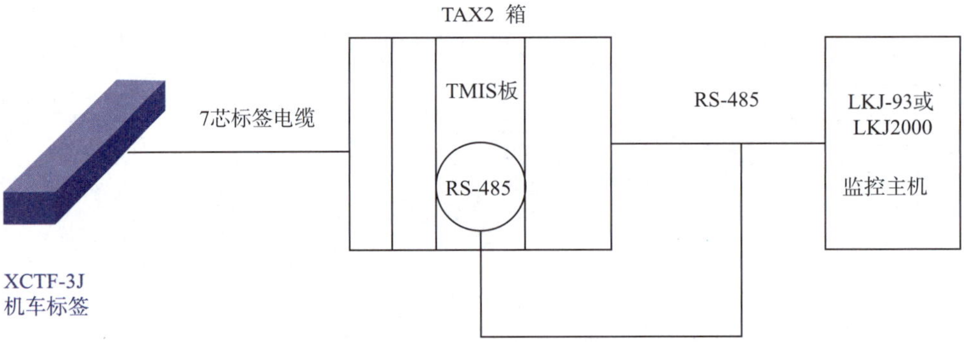

图 11.5　机车车号识别车载设备组成

机车双向电子标签可用车载式编程器和便携式编程器对其进行编程，其工作频率为 902～928 MHz，适应车速 0～260 km/h，当地面读出装置发出微波信号时，将自身存储的信息反射调制在载波上返回地面读出装置，并能接收调制在地面读出装置载波上的地面上传数据信息。

TMIS 插件是 TAX2 箱的一个子卡，用于完成对机车标签数据的读、写操作，同时接收并处理来自地面的上传数据信息 TMIS 插件通过 TAX2 箱航空插头同机车底部安装的机车标签相连；通过前面板的 RS-485 接口与监控装置主机通信，接收监控主机的广播信息、查询命令，发送上传数据报文到监控主机。

11.2.4　列车运行监控系统

列车运行监控系统（以下简称“LKJ”）是以保障列车运行安全为主要目的的列车速度控制装置。该装置在实现安全速度控制的同时，采集记录与列车安全运行有关的各种机车运行状态信息，促进了机车运行管理的自动化。该系统适应自动闭塞方式和半自动闭塞方式；适应包括移频（含 18 信息移频）、交流计数、UM-71（或 UM-2000）、极频等信号制式。

由 LKJ2000 型监控主机、监控显示器、机车安全信息综合监测装置（以下简称 TAX2 箱）、数模转换盒、压力传感器、速度传感器、本/补切换装置、调车灯显接口盒、鸣笛记录装置、GPS 信息接收装置、总线扩展盒、语音箱、列车运行状态信息系统车载设备等共同组成列车运行安全监控系统。其组成结构示意如图 11.6 所示。

（1）LKJ2000 型监控主机是 LKJ 系统的核心部件，实现机车运行监控和记录功能，其内部由 A、B 二组完全相同的控制单元组成，每组有八个插件位置（包括一个预留位置），各插件位置以机箱中心线为基准对称排列，从中心线开始往左、右，各插件排列顺序依次为：监控记录、地面信息、通信、模拟量输入/输出、扩展通信插件、数字量输入、数字量输入/输出、电源。各插件之间采用 VME 标准总线母板连接。机箱采用背板对外出线方式，所有输入输出信号均通过机箱背部连接器引出，在后盖板内侧装有过压抑制板。监控主机外形示意和监控主机插件布置如图 11.7 所示。

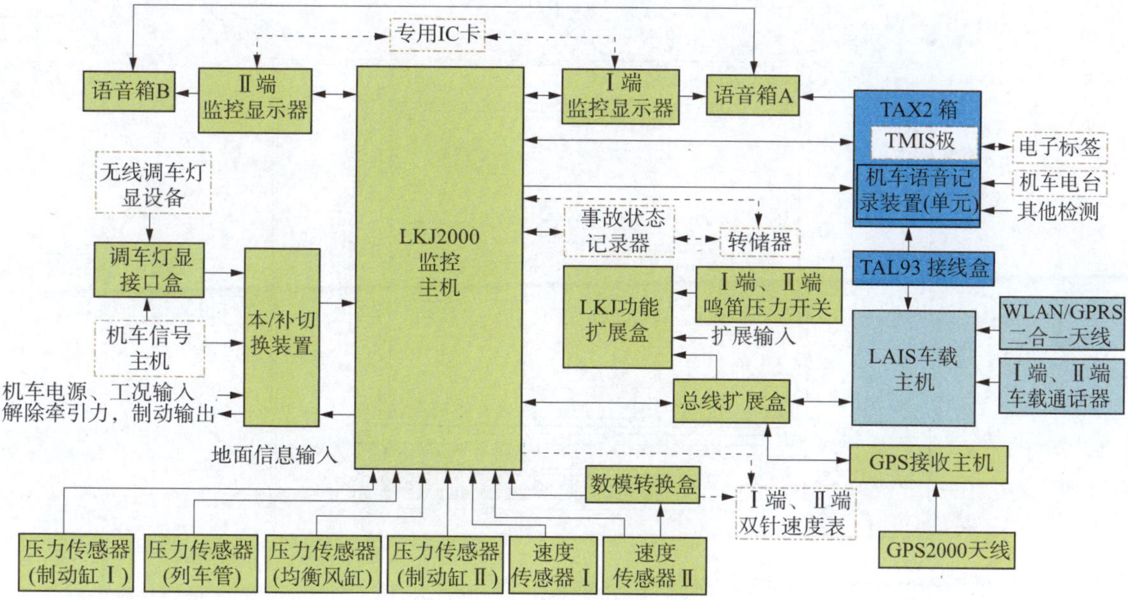

图 11.6　LKJ2000 监控系统组成结构

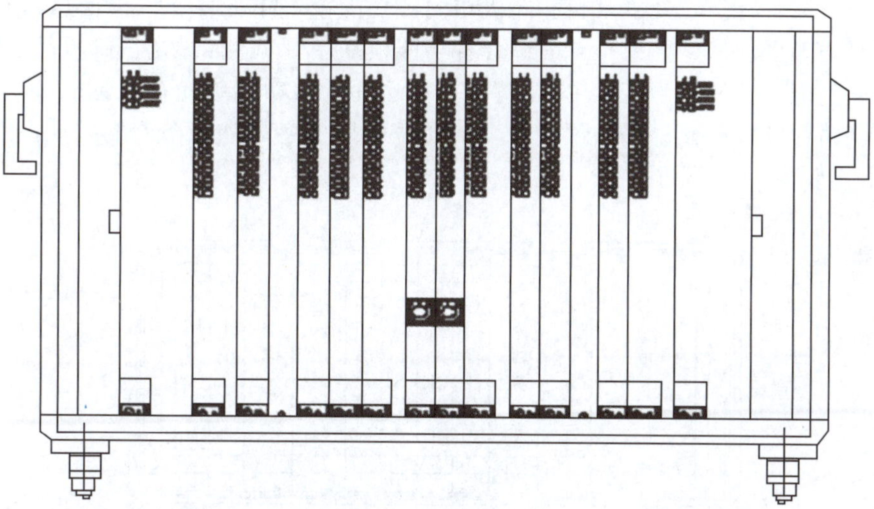

图 11.7　监控主机

(2)监控显示器作为人—机界面的显示器，采用 10.4 英寸 TFT 高亮度彩色液晶显示屏，以屏幕滚动方式显示实际运行速度轨迹曲线及模式限制速度(或线路允许速度)曲线，以图形、符号和文字形式显示地面信号机的位置、种类以及运行线路的曲线、坡道、桥梁、隧道及道口等信息，同时可显示指导性机车优化操纵运行速度曲线和手柄级位曲线，以便提示或引导乘务员操作，具备语音提示功能。监控显示屏外形示意如图 11.8 所示。

(3)TAX2 型机车安全信息综合监测装置给各检测设备[如轨道动态检测设备、弓网检测

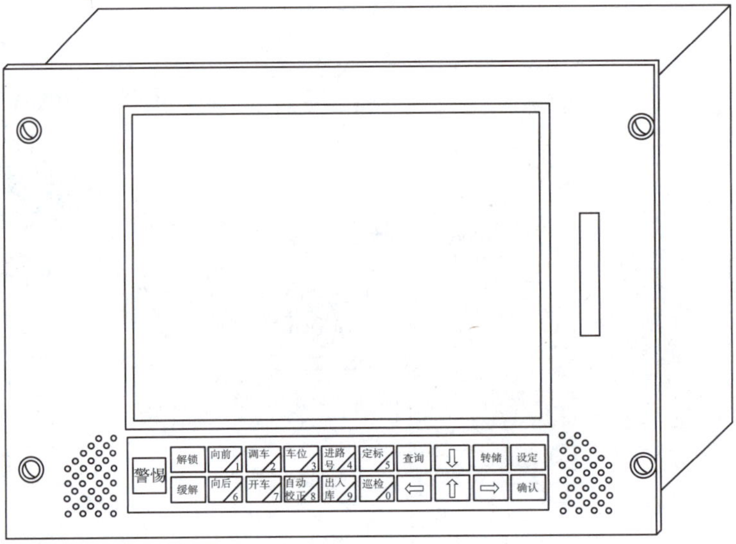

图 11.8 监控显示屏外形

设备、无线列调语音录音设备、TMIS 单元(机车标签写入单元)及 DMIS 单元(列车运行信息传输设备)等]提供了一个公用信息平台,由该工作平台中的通信记录单元一方面获取监控装置的时间、公里标、速度和车次等信息,向机箱内各功能模块单元发布广播信息,如位置(公里标)、速度、时间等坐标信息。另一方面综合各功能模块单元检测到的信息进行记录。装置以电源单元、通信记录单元作为基本单元配置,其他已开发的功能单元有:TMIS 单元、DMIS 单元、无线列调语音录音单元;另外,预留 4 个单元位置用于备用功能单元的扩展。TAX2 外形和前面板布置如图 11.9 所示。

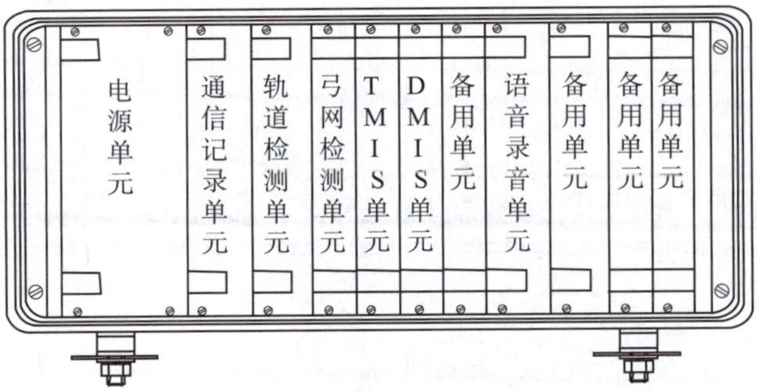

图 11.9 TAX2 主机前面板布置

(4)数模转换盒是与光电式速度传感器及双针速度表配套的转换装置。其主要功能是将速度传感器频率信号转换成 0~20 mA 的电流信号以驱动双针速度表的实际速度指针,并根据速度信号计算走行距离,输出里程计驱动信号,其测速范围为 0~160 km/h。

(5)压力传感器工作原理是利用硅压阻效应,当介质压力作用在芯体敏感区域时,在恒压供电情况下,有相应的电压信号输出,经电平变换成 0~5 V 的直流电压信号。它可与机车监控系统直接配用，从而实现机车行车自动测量和控制。压力传感器的测量范围为 0～1 000 kPa，输出电压 0～5 V。

(6)速度传感器是铁路机车检测车轮转速的传感器，向机车电气控制系统提供与车轮转数成比例的电脉冲信号，其测速范围为 0～2 500 r/min。

(7)本/补切换装置主要实现硬件切换制动输出的功能。

(8)调车灯显接口盒提供了无线调车灯显设备与 LKJ 之间的接口，能够在调车时实现机车信号与无线调车灯显信息的转换，并使 LKJ 能够接收无线调车灯显信息而无需对 LKJ 进行改动，同时接口盒也为无线调车灯显设备提供稳定的工作电源。

(9)机车鸣笛记录接口装置由 LKJ 功能扩展盒、鸣笛压力开关组成。主要功能是检测机车喇叭鸣笛时的气压，将鸣笛时的气压信号转换成电信号，并发送给 LKJ2000 监控主机以便记录。

(10)GPS 信息接收装置由两部分组成：安装在车顶的 GPS2000 天线和安装在机车内部的 GPS 接收主机。GPS2000 天线主要负责 GPS 信息的采集以及传输。GPS 接收主机主要负责对 GPS 天线采集信号的解析。

(11)总线扩展盒用于 LKJ 监控主机与 LAIS 车载主机、LKJ 功能扩展盒和 GPS 接收主机通信接口。

(12)语音箱实现机车司机室各种设备语音提示、报警的集中管理和规范发声按标准、规范的通信规程、数据格式与各种需要语音提示、报警的设备进行通信联系。及时响应、调度各种设备的语音提示及报警请求。按语音编码自动生成各种提示、报警语音。并能根据特殊编码要求，自动生成多种提示、报警声音。TXYJ2001 型机车语音箱通过背板上的接插件用电缆线与监控显示器、TAX2 箱、列尾遥控、升降弓提示、无线录音、机车电源等外部设备连接。

(13)列车运行状态信息系统车载设备是连接机车与地面的数据信息处理系统。该系统采集、分析和处理机车的运行状态信息，并完成机车与地面的数据交互，最终实现地面对在途机车的实时监测。列车运行状态信息系统车载设备由 LAIS 车载主机(TSC1)、车载 WLAN/GPRS 二合一天线、车载通话器等产品组成。LAIS 车载主机与 TAX2 装置之间的通过 TAL93 型通信接线盒连接。

11.2.5 机车综合通信设备

机车综合无线通信设备(以下简称 CIR)是基于 GSM-R 数字移动通信技术、GPS 全球定位技术、450 MHz 及 800 MHz 模拟无线电台通信技术等开发的综合车载通信设备。它与地面的 GSM-R 设备和 450 MHz、800 MHz 等地面设备共同组成一个完整的铁路综合无线通信网。CIR 支持 GSM-R 调度通信系统功能、支持 GSM 话音通信功能，两网同时存在时首选 GSM-R。支持 GSM-R 通用数据传输功能，可根据承载业务的需要提供 GPRS 或电路方式数据传输链路。调度通信和数据传输采用不同的信道机，故可以同时实现调度通信和数据通信。CIR 配备了全球卫星定位系统(GPS)，利用卫星对机车位置进行实时定位，可向机车上的其他用户提供 GPS 原始信息、公用 GPS 位置信息等。

11.2.5.1 系统组成

机车综合通信设备主要由操作显示终端(以下简称 MMI)、合路器、主机、送(受)话器、扬声器、打印终端、天线、机车数据采集编码器等组成，如图 11.10 所示。

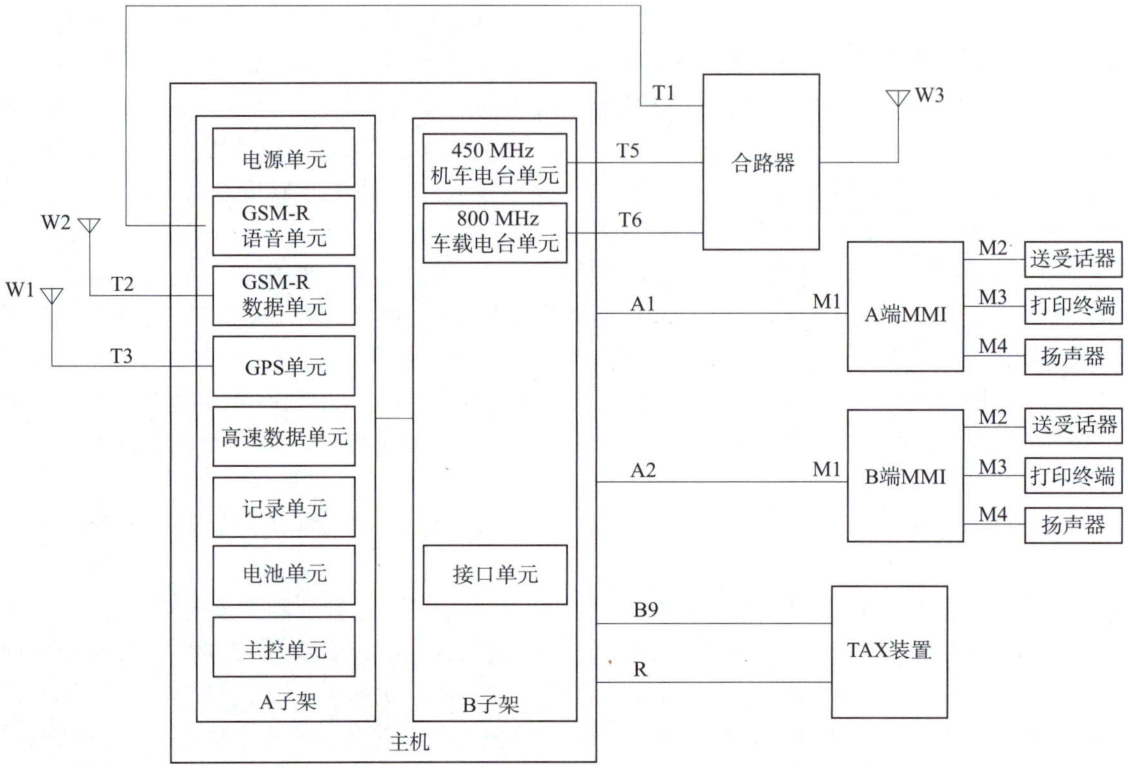

图 11.10 机车综合通信设备组成

主机是 CIR 的核心部件，包括机柜(含 A、B 子架)、主控单元、电源单元、电池单元、卫星定位单元、GSM-R 话音单元、GSM-R 数据单元、高速数据单元、记录单元、天馈单元、450 MHz 机车电台单元、800 MHz 列尾和列车安全预警车载电台(简称 800 MHz 车载电台)单元、接口单元等，各组成部分模块化，可根据功能要求进行模块配置。主机外形和结构示意如图 11.11 所示。

MMI 由嵌入式工控机、LCD 显示屏、控制键盘、音频处理单元及送(受)话器组成。

嵌入式工控机是 MMI 的核心，它接收主机传送过来的信息，控制 LCD 显示屏进行显示或控制音频单元进行语音提示，接收键盘控制单元发送的控制指令传送给主机。MMI 外形示意如图 11.12 所示。

打印终端采用嵌入式安装方式，通过 RS-422 方式与 MMI 进行通信，并由 MMI 供电。

扬声器包含在打印机里，内阻为 8 Ω，输出为平衡方式，0.5～5 W 可调。

送(受)话器采用紧凑式结构，有两个呼叫按键 ，当 CIR 工作在 GSM-R 工作模式时，按键 1 定义为“调度”，按键 2 定义为“本站”；当 CIR 工作在 450 MHz 工作模式时，按键 1 定义为“隧道车站”，按键 2 定义为“平原车站”。

天线共有三个，分别为多频段天线、GSM-R 数据天线及 GPS 天线，主要用于接收和发送数据。

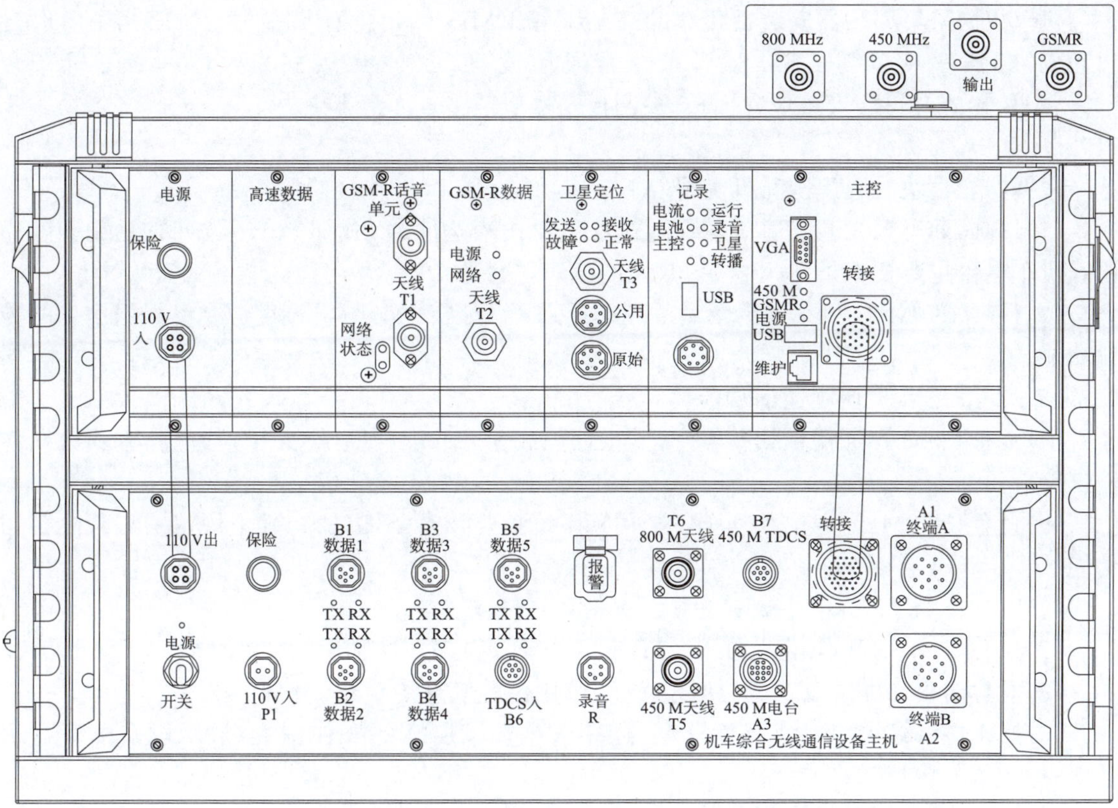

图 11.11　主机外形

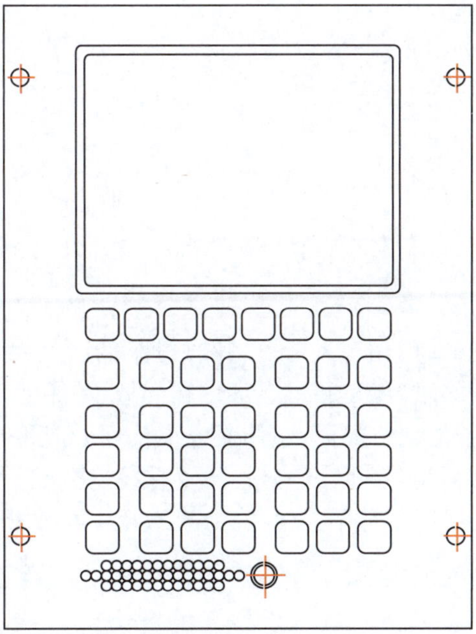

图 11.12　MMI 外形

机车数据采集编码器安装在机车的 TAX2 箱 DMIS 单元插槽内，通过 TAX2 箱的 DMIS 单元 12 芯插座接口与 GSM-R 机车综合通信设备（GSM-R 模式）或 450 MHz 机车台（400 MHz 模式）连接，设备包含面板、控制板及接口插头。

11.2.5.2 系统功能

根据功能模块的选配情况可实现以下相应功能。

（1）具有《列车无线调度通信系统制式及主要技术条件》（TB/T 3052）、《列车无线调度通用式机车电台主要技术条件(V2.0)》规定的机车电台的功能。

（2）具有 450 MHz 机车电台承载的列车尾部风压、无线车次号、调度命令等数据信息的传输功能。

（3）具有 GSM-R 调度通信功能。

（4）具有 GSM-R 通用数据传输功能，根据承载业务的需要提供 GPRS 或电路方式数据传输链路。

（5）具有《800 MHz 列尾和列车安全预警系统主要技术条件(暂行)》中规定的车载电台的功能。

（6）应具备 IEEE 标准中规定的无线宽带数据传输功能。

（7）具有 GSM-R 工作模式与 450 MHz 工作模式自动切换和手动切换功能。

（8）具有向用户提供卫星定位原始信息、公用位置信息的功能(周期 2 s)。

（9）操作显示终端应具有调度通信、通用数据传输所需的操作、状态显示以及语音提示功能。

（10）具有主、副 MMI 之间通话功能。

（11）主机具备信息存储和导出功能。

（12）具有人工系统复位功能。

（13）具有自检功能(故障定位到功能单元)，包括 450 MHz 单元、800 MHz 单元、GSM-R 单元、GPRS 单元、记录单元、卫星定位单元、MMI、TAX2 接口，并可将自检结果发送给相关方。

（14）复位重启后设备自动进入原注册状态。

11.3 6A 系统

机车车载安全防护系统(简称:6A 系统)是针对机车的制动系统、防火、高压绝缘、列车供电、走行部、视频等危及安全的重要事项、重点部件和部位，采用实时检测、监视、报警并可实现网络传输、统一固态存储和智能人机界面，整体研究设计而形成平台化的安全防护装置。

6A 系统由中央处理平台、空气制动安全监测子系统、防火监控子系统、高压绝缘检测子系统、列车供电监测子系统、走行部故障监测子系统一、机车自动视频监控及记录子系统组成，实现了针对机车制动系统、防火、车顶绝缘、供电系统、走行部、视频等 6 大类项目的安全监测功能。

HXD3C 型电力机车为客货两用牵引机车，图 11.13 为 HXD3C 型客运电力机车 6A 系统架构图（HXD3C 货运电力机车无列车供电系统，6A 系统无“机车列车供电监测系统”）。

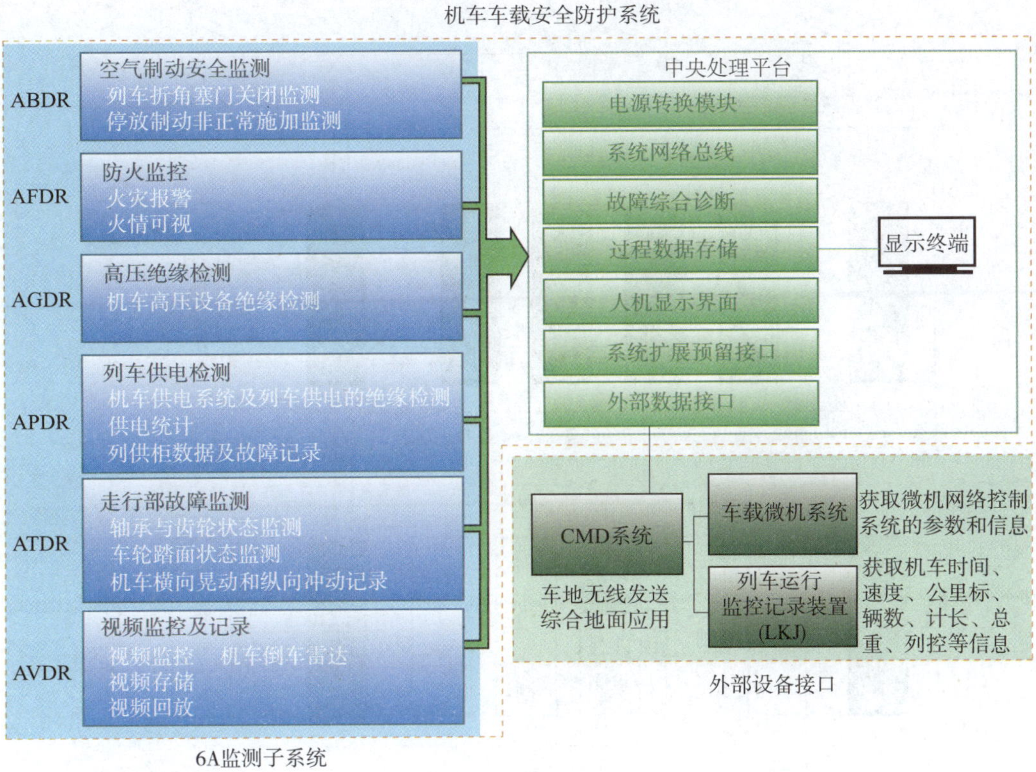

图 11.13　6A 系统架构

11.3.1　中央处理平台

中央处理平台统一管理所有子系统，统一供电、统一存储和下载数据，中央处理平台采用冗余设计，提高工作可靠性。

各监测子系统设计成独立的插件板或插件箱，插入到中央处理平台进行工作，并在公用的平台下，使用公用的电源、网络、存储器、显示终端等设备，以及统一的机箱、机柜实现对机车环境的统一物理防护。

中央处理平台组成结构如图 11.14 所示。

各子系统相对独立工作，不影响其他子系统的正常运行。

6A 系统单独集成在一个机柜，机柜前门设置透明观察窗，可以观察主机箱的 CPU 板卡所带的液晶显示屏，便于检查维修。

11.3.2　空气制动安全监测子系统

空气制动安全监测子系统由停放制动非正常施加监测模块和折角塞门关闭监测模块组成。

停放制动非正常施加监测模块由制动监测板卡，列车管压力传感器、停放缸压力传感器、均衡缸压力传感器、传感器连接器和线缆组成。

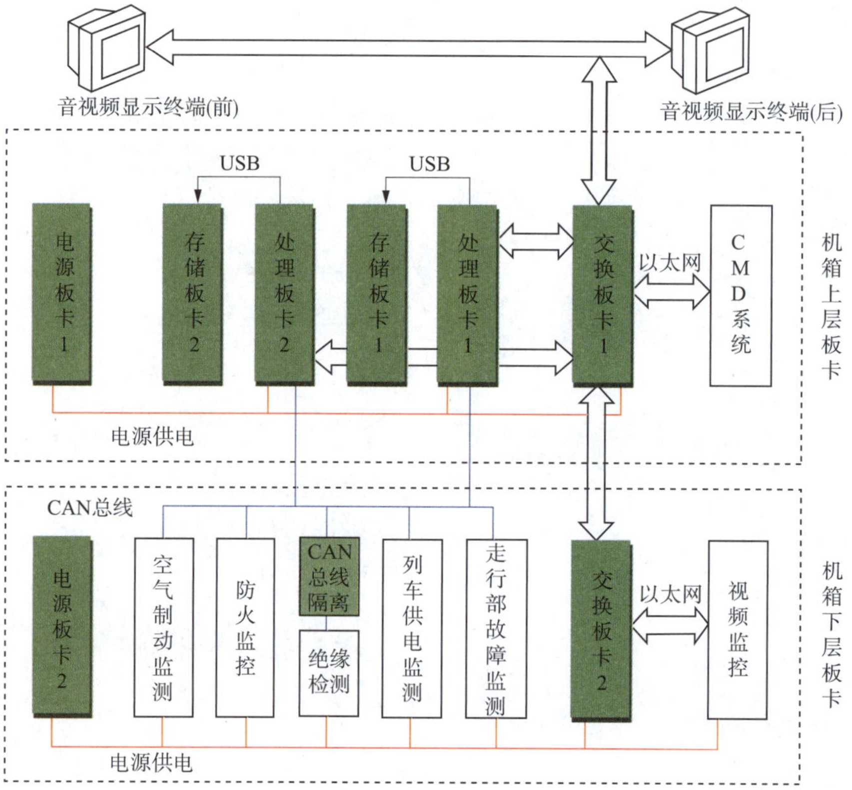

图 11.14　中央处理平台组成结构

折角塞门关闭监测模块由防关监测子板，流量传感器总成和传感器线缆和连接器组成。

该子系统通过监测机车运行过程中的停放制动非正常施加状态、列车贯通辆数等信息，将报警信息发送给中央处理平台，由中央处理平台做进一步处理。

11.3.3　防火监控子系统

防火监控子系统包括防火板卡(AF)和前端火灾探测设备。前端探测设备主要由智能感烟探测器、智能感温探测器以及感温电缆组成。系统通过不同的探测设备对机车被保护区域进行实时监测，并将状态信息上传给 6A 系统中央控制平台。

该子系统通过与视频监控子系统的联动，当发生火灾时，可自动切换至火情发生区域的视频图像。

11.3.4　高压绝缘检测子系统

高压绝缘检测子系统通过在升弓前，司机测量高压设备对地的漏电流等，检测机车车顶绝缘状态。

该子系统由高压绝缘检测箱、连接器和线缆组成，检测箱安装于 6A 机柜内的右上部，设置有可以开启的高压绝缘检测操作窗，不打开柜门，即可进行高压绝缘的检测操作。

此装置操作时，会在车顶受电弓部分加载 25 kV 的试验高电压，所以操作前必须确认处于安全操作状态，即无论处于库内还是在线运用，必须确认机车处于降弓停车、主断路器断开、高压连接器连接状态，并必须确认机车车顶无人操作并锁闭车顶门。

11.3.5　走行部故障监测子系统

走行部故障监测子系统一主要由走行部监测板卡（AT1 板卡）、数据前置处理器、复合传感器或（和）数字温度传感器及连接线组成。走行部故障检测装置诊断的对象主要包括轴承、齿轮和踏面等部件。

11.3.6　机车自动视频监控及记录子系统

机车自动视频监控及记录子系统由摄像头、视频采集板卡 1（AV1）、视频采集板卡 2（AV2）、视频处理板卡（AV3）、连接器和电缆组成。

该子系统通过在车前、车后、司机室、机械间等多个部位安装摄像头，使司机能及时了解机车内外的情况，并对机车的运行状态进行记录。在司机室顶部安装拾音器，实时采集司机室监控区域的音频数据。图 11.15 为机车视频摄像头布置。

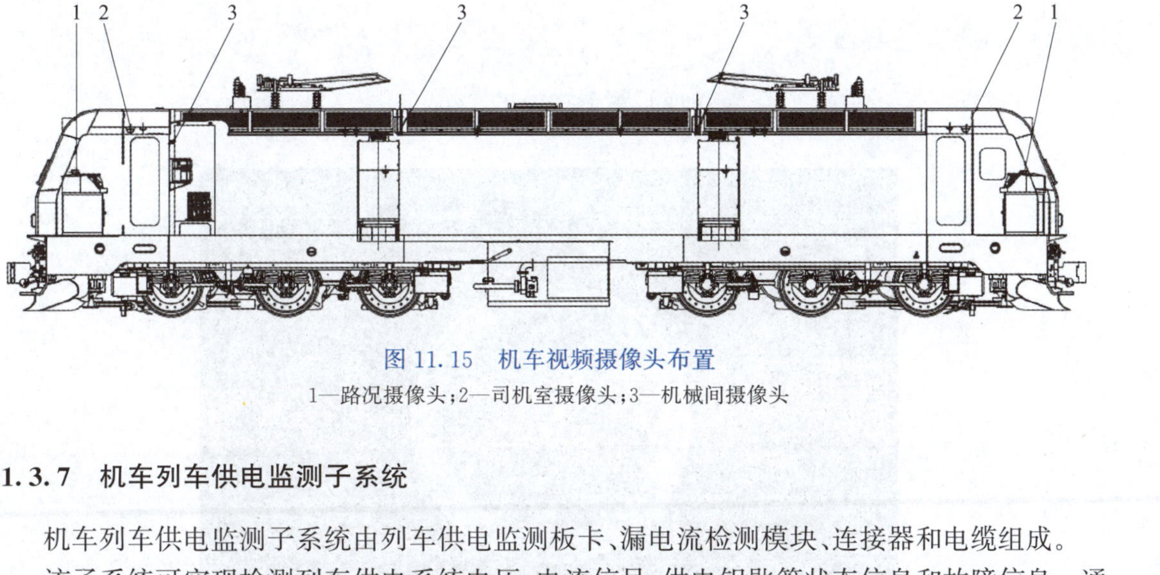

图 11.15　机车视频摄像头布置

1—路况摄像头；2—司机室摄像头；3—机械间摄像头

11.3.7　机车列车供电监测子系统

机车列车供电监测子系统由列车供电监测板卡、漏电流检测模块、连接器和电缆组成。

该子系统可实现检测列车供电系统电压、电流信号，供电钥匙等状态信息和故障信息。通过在列供柜内安装漏电流检测模块实现测量线路对地漏电流。

11.3.8　系统设置

系统设置界面可显示系统设置、机车信息和版本信息。

系统设置包括设置机型配置、系统时间、绝缘限值、防火系统复位、制动参数、视频通道、防火探头、外部插件和其他内容，如图 11.16 所示。

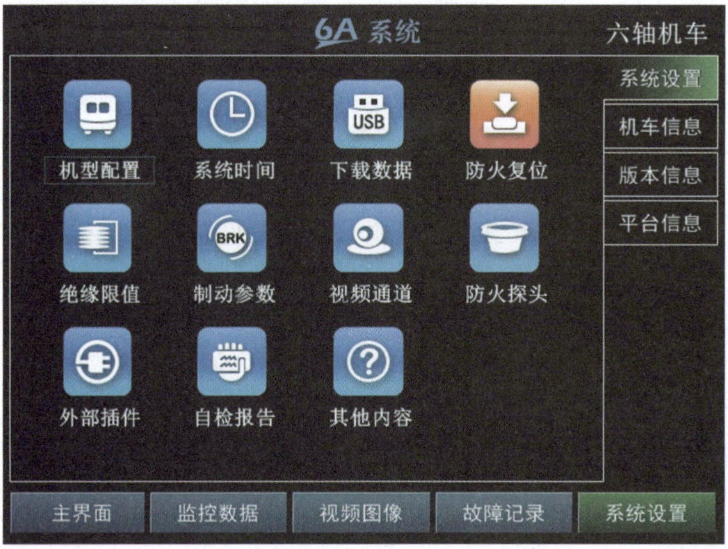

图 11.16　6A 系统设置界面

11.3.9　显示屏主界面

在正常情况下，主界面仅显示时间，不干扰司机操作，如图 11.17 所示。

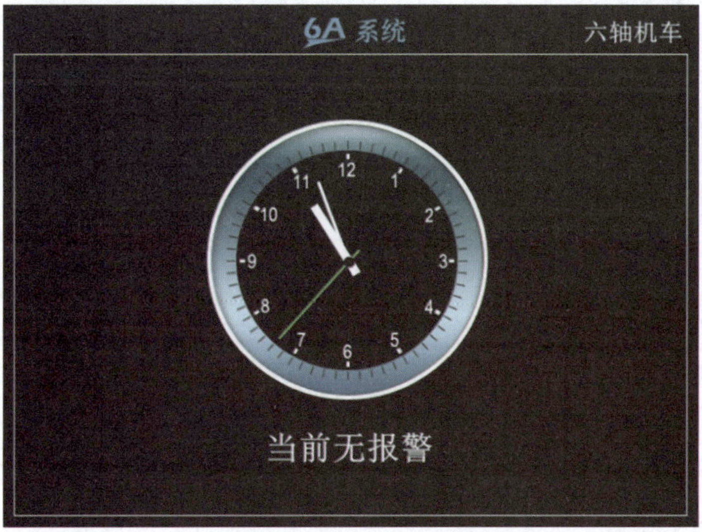

图 11.17　6A 系统主界面

11.3.9.1　报警界面

当 6A 系统的子系统有报警信息时，会自动在显示屏弹出报警界面，并同时有语音播报，报警界面如图 11.18 所示。

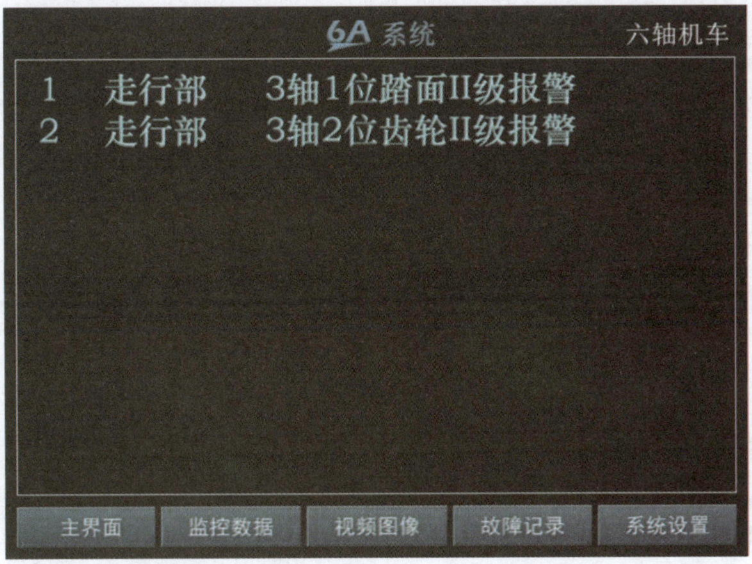

图 11.18 6A 系统报警界面

11.3.9.2 故障记录

“故障记录”显示本次上电出现的故障、历史故障和漏电记录，可在屏幕右边选择。每条故障信息包括故障的序号、所属的子系统、提示或报警的内容和故障发生时间。漏电记录显示挂车前及挂车后的记录。最多显示 5 000 条故障信息，如图 11.19 所示。

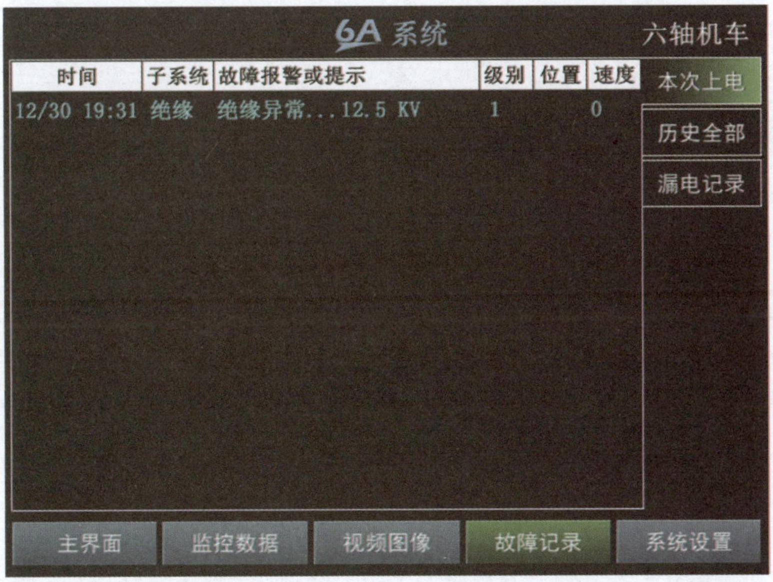

图 11.19 6A 系统报故障记录界面

11.4　CMD 系统

中国机车远程监测与诊断系统(简称 CMD 系统)是我国铁路信息化建设的重要组成部分,满足我国和谐型大功率交流传动机车批量投入运用,长交路、高密度、大运量的运输组织的要求和检修基地建设的需求。

CMD 系统由车载子系统、数据传输子系统和地面综合应用子系统组成。车载子系统能够实现机车安全信息、机车状态信息、机车监测信息的采集、处理及记录,视频信息的采集、处理(仅封装),机车电子履历记录,接收北斗/GPS 定位信息。数据传输子系统能够实现车载子系统采集信息的实时接收并发送给地面综合应用子系统,以及地面综合应用子系统指令信息的实时接收,实现中国铁路总公司、铁路局和机务段/检修段三级间及跨局数据传输。地面综合应用子系统能够实现机车定位、实时状态数据监测、实时故障报警、远程诊断、视频点播、统计分析、机车车载电子履历管理、专家支持系统等功能,通过信息共享和功能接口与外部系统进行数据交互和功能调用。

11.4.1　CMD 车载子系统

CMD 车载子系统包括 LDP、北斗通信天线、多频带组合天线及配套线缆,负责车载数据采集、数据处理、存储及传输,通过数据传输子系统与地面综合应用子系统进行信息交互。LDP 具有可扩展与其他系统的通信接口。

LDP 包括防护记录器、北斗通信天线、多频带组合天线以及无线通信板、北斗/GPS 板、合路器板。

车载子系统总体结构如图 11.20 所示。

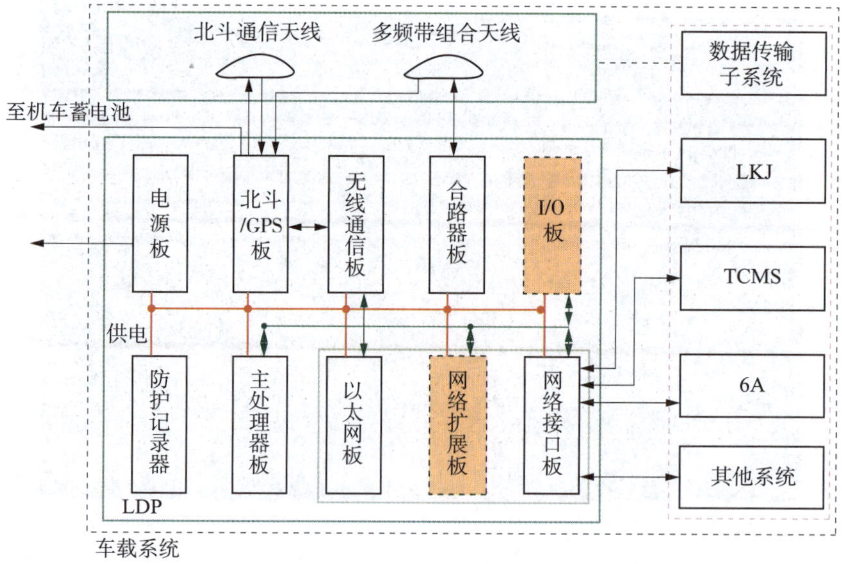

图 11.20　CMD 系统车载系统结构

CMD 车载子系统可实现以下功能：

(1)数据采集功能：通过以太网接口采集 TCMS 数据，通过以太网采集 6A 系统数据，通过 RS-485 采集 LKJ 数据，通过无线网络获取地面综合应用子系统的远程数据。采集的数据包括：机车状态信息、监测信息、安全信息、定位信息，通过 I/O 接口采集的模拟量、数字量信息，地面综合应用子系统的远程等相关信息。

(2)数据处理功能：具有点播数据处理事件识别与处理、故障数据识别与处理、数据分发处理、文件数据处理、数据记录等功能。

(3)数据传输与转储功能：具有实时信息的加密传输策略、视频信息的加密传输策略、北斗短报文的加密传输策略、断电数据加密回送策略、记录文件的转储策略等功能。

(4)定位功能：具有提供机车位置、速度、时间、公里标等信息的功能，可采用 GPS 信息与 LKJ 公里标信息进行组合定位。

(5)授时功能：通过总线采集 LKJ 的时间信息，实时给 TCMS、6A 系统发送时间信息。当 LKJ 时间信息无效时，采用北斗/GPS 系统时间进行授时。

(6)人机接口功能：可利用 6A 系统音视频显示终端或其他车载显示器进行相应的显示、测试和参数设置。

11.4.2 CMD 数据传输子系统

CMD 数据传输子系统主要用于车地无线实时通信、数据无线转储、内外网数据交换、铁路内网数据传输等车载和地面数据的双向传输。

数据传输子系统的网络由无线和有线两部分组成。无线网络依托 GSM GPRS/3G、4G、GSM-R GPRS、WLAN、北斗，主要完成车地数据传输。有线网络利用已有的铁路综合 IT 网络，主要完成铁路总公司、铁路局、机务段/检修段三级网络范围内的数据传输。GSM GPRS/3G、4G、GSM-R GPRS、WLAN 车地通信采用 TCP/IP 协议，北斗车地通信采用短报文方式，铁路内网数据传输采用铁路统一传输平台。MTUP 为应用系统提供在铁路内网和移动公网间传输实时数据的服务，所有通过移动公网进入铁路生产网的应用系统都必须经过 MTUP 接入。数据传输子系统通过 GSM GPRS/3G、GSM-R GPRS、北斗实现车地实时通信，在隧道、山区等无线网络信号没有覆盖的地区将不能正常工作，通过 WLAN 实现车地非实时信息双向传输。

11.4.3 CMD 地面综合应用子系统

CMD 地面综合应用子系统主要由数据处理中心、综合服务平台和运行维护管理三部分组成。地面综合应用子系统按照中国铁路总公司、铁路局、机务段/检修段、机车制造及修理厂商分层管理架构，为各级用户提供机车运用、故障诊断等管理功能，提供基于业务的数据分析与统计，为其他信息系统提供数据接口。

根据业务需求，地面综合应用子系统部署在中国铁路总公司、铁路局集团公司、机务段/检修段的局域网内，通过权限配置满足不同层级的角色需求。

12 机车使用与维护

12.1 机车操纵说明

12.1.1 机车整备

HXD_{3C} 型电力机车在出库前需加砂、加水以及轮轨润滑装置加润滑脂。

机车砂箱设在转向架上，每个转向架上设有 4 个容积 100 L 的砂箱，装在转向架构架端部，全车共 8 个砂箱。机车出库前应将每个砂箱加上 2/3 的砂子。

机车运用途中需用水的地方有卫生间、刮雨器。

机车每台车设有一个整体式卫生间，水箱容积不小于 60 L，注水口设在车下，参见 6.7.2。机车出库前应将水箱注入 2/3 的水。

机车每个司机室装有两套刮雨器，它们共用一个水箱，容积 15 L，装在司机操纵台的左柜内，注水口设在左柜门内侧。机车出库前应将水箱入 2/3 的水。

机车转向架上装有 2 套轮缘润滑装置，位于转向架的 1 位、6 位，该润滑装置采用脂润滑，机车出库前应检查贮脂罐中润滑脂的量，过少则要补充。

12.1.2 机车启动前的准备

机车在符合运行状态情况下，司乘人员可对机车进行操纵。首先确认机械间车顶门处于关闭状态，接地开关在运行位，钥匙箱在"ON"位，车内所有管路阀门均在正常工作位，将机械间内电器柜上所有自动开关均合上，转换开关均置运行位。检查蓄电池电压，电压高于 88 V 时可以继续操作；若电压低于 88 V，则需对蓄电池进行充电。

将司机钥匙插入司机控制器上的钥匙孔内，旋转以激活司机指令输入。一台机车只配备一片司控器钥匙，若同时有两片钥匙在两端的司机室同时插入，则系统提示占用端冲突，机车不能运行。

将方向手柄插入司机控制器上的方向手柄插槽内，拨向所要运行的方向位置。

设置空气制动机的操纵状态。

设置监控系统状态。

12.1.3 升弓、合主断

待机车控制系统自检完成后可以升弓、合主断。同时控制系统自检完成后将进行辅助系统的配置，等待辅助电源启动时带动辅机启动。

升弓前先设置升弓模式，一般推选择自动模式，将受电弓选择开关转向"自动"位。此时闭合升弓扳键开关，机车将自动升起后弓，若后弓有故障不能升起，将自动选择升前弓，并在机车微机屏上提示后弓故障。

若总风压力不足，当闭合升弓扳键开关闭合后，辅助压缩机将自动启动，向控制风缸打风，打满风后辅助压缩机自动停止。随后受电弓升起。待机车微机屏网压指示在17.5～31 kV间时，闭合主断扳键开关，主断将闭合。

主断闭合后辅助变流器开始启动，对中间直流电容限流充电，充电完成后辅助逆变器启动，带动牵引风机、冷却塔风机、油泵、水泵等通风冷却机组启动。同时蓄电池充电机也开始启动。压缩机也根据总风压力状态自动启动与停止。

12.1.4 机车的启动和牵引操作

机车启动前需首先确认：(1)停车制动在缓解状态；(2)总风压力在650 kPa以上。

根据需要运行的方向，将司机控制器上的方向手柄打至要求运行的方向，向前推动牵引手柄，机车进入牵引状态。说明：机车牵引手柄的级位是连续的，司机可将牵引手柄推至任意位置。当需要减速时，司机可将牵引手柄后拉，越过零位，进入电制动区，同样，电制动的级位也是连续的。当然，司机也可用空气制动来减速，这样，需先将牵引手柄退回零位。

机车具有定速控制功能，当主司控器的方向手柄处于向前位，主司控器级位手柄处于牵引区域，机车速度超过5 km/h且无空气制动时，按下一次定速按钮，机车进入定速状态；机车将以当前机车行驶速度作为当前定速期望目标速度，进入定速控制模式，机车将根据实际行驶速度与定速期望目标速度的差异，自动进行牵引及电制动的快速转换，控制机车行驶速度不变。此时牵引手柄的电制动指令优先于速度手柄指令。当司机关闭定速功能时，定速功能将保持直至主司控器回到“零”位。导致退出定速状态的因素如下：(1)主司控器级位手柄转至零位或者电制动区域；(2)重新按下定速按钮；(3)投入空气制动；(4)A等级故障发生。

12.1.5 机车过分相操作

机车有手动过分相和自动过分相两种过分相控制方式。

当自动过分相装置无故障时，机车接近分相区时自动过分相装置检测到过分相区的信号，向机车控制系统发出预告信号或强迫信号(预告信号失败时)，机车自动控制牵引/电制动退级，分主断；通过分相区后，机车检测到网压后自动恢复到过分相前的工作状态。

当自动过分相装置故障时，需要司机在观察到接近分相区时按压过分相按钮，机车自动控制牵引/电制动退级，分主断；通过分相区后，机车检测到网压后自动恢复到过分相前的工作状态。

12.1.6 机车冗余控制与故障隔离运行

机车故障诊断和处置均是自动完成，并在机车状态屏上显示相关信息，一般情况下不需要司乘人员做处理，只需将故障时间和故障提示记录下来，以便回库后维修人员查询维修。特殊情况下显示屏上会有处理提示，司乘人员可按提示操作以维持机车运行。

12.1.7 结束运行操作

运行结束，离开机车前需完成以下操作：

(1)确保机车处于制动状态;
(2)将牵引手柄回零,司控器的换向手柄恢复至“0”位;
(3)断开主断,降弓;
(4)取下司机钥匙,关闭驾驶台所有开关;
(5)断开蓄电池;
(6)做好机车防溜。

12.2 机车的维护与检查

机车的维护与检查是为了保持和恢复机车完成运营规定功能的能力而采取的技术活动。机车采用的是以定期维修为主,以检查和检修相结合的综合维修制度。

12.2.1 定期维修

12.2.1.1 维修等级及间隔期

HXD3C 型电力机车检修修程和检修周期见表 12.1。

表 12.1 维修等级及间隔期

检修修程		检修周期	
		走行公里数(万 km)	时　间
	日常检查		每次机车出入库
C1	C1 修	7×(1±10%)	不超过 3 个月
C2	C2 修	13×(1±10%)	不超过 6 个月
C3	C3 修	25×(1±10%)	不超过 1 年
C4	C4 修	50×(1±10%)	不超过 3 年
C5	C5 修	100×(1±10%)	不超过 6 年
C6	C6 修	200×(1±10%)	不超过 12 年
UM		计划外维修	

表中,C1~C6 属定期维修(或预防性维修);UM 为计划外维修(或修复性维修),故障维修和改善维修均属于计划外维修。

12.2.1.2 各级检修修程的主要维修工作

日常检查:机车日常出入库整备。

C1 修:机车例行检查和保养,利用机车自检系统进行故障诊断,按状态修理。

C2 修:机车关键部件重点检查维修,有针对性地恢复机车运行可靠性。

C3 修:机车关键部件重点检查维修,有针对性地恢复机车运行可靠性。

C4 修:机车主要部件检查,性能参数测试,修复不良状态部件,恢复机车可靠质量状态。

C5 修:机车主要部件分解检修,性能参数测试,恢复机车可靠质量状态。

C6 修:机车全面分解检修,全面性能参数测试,恢复基本性能,可同时进行机车或主要部件的技术提升。

计划维修以外发生的所有维修活动，均属于计划外维修。

12.2.1.3 检查次序

HXD3C 型电力机车的检查和维护工作按以下次序进行。

(1)按时间次序

在每个维修等级中，机车按时间次序进行的维修工作次序如下：

无网压下的检查→网压下的检查→有机车蓄电池电压和外部风源下的检查→无电源下的维修工作→网压下的最后检查。

(2)按区域次序

在特殊的维修等级中，机车按区域次序进行的维修工作次序如下：

准备→司机室→机械间→机车外部→机车下部→车顶设备→结束。

12.2.1.4 维护与检查的安全注意事项

为确保人身安全，机车的维护检查人员必须是经过培训的资质人员。必须严格遵守检查与维护指导的安全注意事项。在对高压设备进行工作时，必须按接地程序将机车可靠接地。牵引变流器包含有大电容器，即使机车已经降落受电弓，这些电容器可以在较长时间(几天)内带有危险的高压。应对有电容的电器进行放电。当机车处于有电的接触网下时，不要登机车车顶。在对空气管路系统执行任务时，必须排空压缩空气。刚停止工作的电器可能温度很高，应注意防止烫伤。

12.2.1.5 检查与检修项目及周期

HXD3C 型电力机车检查与检修项目及周期见表 12.2。

表 12.2 检查与检修项目及周期

序号	检修内容	日常检查	C1级修	C2级修	C3级修	C4级修	C5级修	C6级修	计划外维修
1	司机室设备								
1.1	司机操纵台设备								
1.1.1	司机控制器								
	检查动作性能	√	√	√	√	√	√	√	
	检查机械联锁	√	√	√	√	√	√	√	
	检查线路连接					√	√	√	
	更新微动开关和发光片					√	√	√	
1.1.2	电子制动阀								
	检查机械性能	√	√	√	√	√	√	√	
	检查紧固件连接	√	√	√	√	√	√	√	
	检查各线路连接		√	√	√	√	√	√	
	更新橡胶件、弹簧、塑料件						√	√	
1.2	空调装置								
	性能检测	√	√	√	√	√	√	√	
	清洁回风滤网(每半个月)		√	√	√				
	更换回风滤网					√	√	√	

续上表

序　号	检修内容	日常检查	C1级修	C2级修	C3级修	C4级修	C5级修	C6级修	计划外维修
	清洁冷凝器、蒸发器				√	√	√	√	
	检查冷凝风机				√	√	√	√	
	检查通风机				√	√	√	√	
	检查温度开关					√	√	√	
	更换主要部件							√	
2	机械间设备								
2.1	牵引变流器								
	检查交流接触器	√	√	√	√	√	√	√	
	检查冷却系统柜外配管及法兰部	√	√	√	√	√	√	√	
	检查 APU 功率单元		√	√	√	√	√	√	
	检查滤波电容		√	√	√	√	√	√	
	检查冷却系统柜内配管及法兰部			√	√	√	√	√	
	检测滤波电容				√	√	√	√	
	检测滤波电容器				√	√	√	√	
	性能检测					√	√	√	
2.2	牵引风机和复冷风机								
	外观动作检查	√	√	√	√	√	√	√	
	检查进风道,主风筒等部件		√	√	√	√	√	√	
	检查安装螺栓			√	√	√	√	√	
	检查绝缘			√	√	√	√	√	
	更新风机轴承					√	√	√	
2.3	复合冷却器								
	检查变压器油位	√	√	√	√	√	√	√	
	检查冷却液液位	√	√	√	√	√	√	√	
	检查管路泄漏		√	√	√	√	√	√	
	清洁冷却器		√	√	√	√	√	√	
2.4	低压柜								
	检查柜体	√	√	√	√	√	√	√	
	检查库用转换装置	√	√	√	√	√	√	√	
	检查断路器的开关状态	√	√	√	√	√	√	√	
	检测库用转换装置绝缘				√	√	√	√	
	更新断路器等						√	√	
	检查整机性能						√	√	
2.5	蓄电池柜								

续上表

序 号	检修内容	日常检查	C1级修	C2级修	C3级修	C4级修	C5级修	C6级修	计划外维修
	检查蓄电池箱,应干燥、通风		√	√	√	√	√	√	
	检查蓄电池箱无异物		√	√	√	√	√	√	
2.5.1	蓄电池								
	检查蓄电池	√	√	√	√	√	√	√	
	测量开路电压		√	√	√	√	√	√	
	检查蓄电池容量		√	√	√	√	√	√	
	蓄电池充电					√	√	√	
	更新蓄电池						√	√	
2.6	高压电流互感器								
	检查绕组无断路		√	√	√	√	√	√	
	检查二次绕组间及对地绝缘电阻					√	√	√	
2.7	空气管路系统及制动机								
2.7.1	主压缩机组								
	检查真空指示器,决定滤芯是否更换	√	√	√	√	√	√	√	
	检查油位,缺油加油	√	√	√	√	√	√	√	
	清洗冷却器				√	√	√	√	
	更换油过滤器				√	√	√	√	
	更换新滤芯				√	√	√	√	
	更换新油					√	√	√	
	机头解体检修						√	√	
	电机轴承更新						√	√	
	单台性能试验						√	√	
2.7.2	干燥器								
	检查电控器各指示灯工作正常	√	√	√	√	√	√	√	
	检查排气阀排气正常	√	√	√	√	√	√	√	
	检查电磁阀无漏风	√	√	√	√	√	√	√	
	更新密封件					√	√	√	
	更新干燥剂						√	√	
	单台性能试验					√	√	√	
2.7.3	辅助压缩机组								
	检查工作状态及泄漏	√	√	√	√	√	√	√	
	清洁滤芯					√	√	√	
	更新润滑油					√	√	√	
	更新密封件等							√	

续上表

序　号	检修内容	日常检查	C1级修	C2级修	C3级修	C4级修	C5级修	C6级修	计划外维修
	打风试验						√	√	
2.7.4	制动柜								
	检查制动柜各部件状态	√	√	√	√	√	√	√	
	更新滤芯和密封圈					√	√	√	
	各阀类解体检修						√	√	
	更新各模块橡胶件						√	√	
2.7.5	制动显示屏								
	检查外观	√	√	√	√	√	√	√	
	检查显示屏操作显示功能		√	√	√	√	√	√	
	制动显示屏运行自检程序,更新电池						√	√	
2.8	卫生间								
	清洁消毒,无泄漏	√	√	√	√	√	√	√	
	检查指示灯显示,检查排空功能		√	√	√	√	√	√	
	清洗水过滤器				√	√	√	√	
	更新水过滤器、加热器等						√	√	
	检查上水、冲水、封水、排空等功能						√	√	
2.9	第三方设备柜								
	检查设备	√	√	√	√	√	√	√	√
2.10	主断路器								
	动作检查	√	√	√	√	√	√	√	
	检查绝缘子外观		√	√	√	√	√	√	
	检查密封硅胶、铜排状态		√	√	√	√	√	√	
	检查触头					√	√	√	
	检查气路、电路					√	√	√	
	单台试验					√	√	√	
	更新电磁阀、真空管等							√	
	更新故障部件								√
2.11	高压接地开关								
	根据污秽、损耗与凝结情况,清理并加润滑脂	√	√	√	√	√	√	√	
	检查触头					√	√	√	
	性能试验					√	√	√	
	更新辅助联锁							√	
2.12	低压电流互感器								
	目视检查接地电流互感器	√	√	√	√	√	√	√	

续上表

序 号	检修内容	日常检查	C1 级修	C2 级修	C3 级修	C4 级修	C5 级修	C6 级修	计划外维修
	互感器试验					√	√	√	
	更新							√	
2.13	高压电压互感器								
	检查二次绕组出线端子		√	√	√	√	√	√	
	测量一次和二次绕组绝缘电阻					√	√	√	
	测量一次和二次绕组直流电阻					√	√	√	
	互感器试验					√	√	√	
2.14	高压隔离开关								
	检查辅助联锁开关	√	√	√	√	√	√	√	
	检查动作机构				√	√	√	√	
	检查高压隔离开关的绝缘性能					√	√	√	
	更新故障部件								√
2.15	避雷器								
	目视检查避雷器	√	√	√	√	√	√	√	
	更新							√	
2.16	TCMS 控制系统								
	检查测试孔、指示灯、显示正常	√	√	√	√	√	√	√	
	检查各模块及显示屏插头插座无缩针					√	√	√	
	清洁,检查各连接器					√	√	√	
	更新显示屏的电池						√	√	
	更新 PU 基板的电池						√	√	
	显示屏功能检查						√	√	
	网关测试							√	
	显示屏、基板更新							√	
2.17	过分相装置								
	检查外观		√	√	√	√	√	√	
	更换 PLC					√	√	√	
	更换接口电路板						√	√	
	更换感应接收器						√	√	
	功能检查		√	√	√	√	√	√	
2.18	6A 系统								
	功能检查:检查看 6A 系统各子系统信息及数据	√	√	√	√	√	√	√	
	校验压力传感器及流量变送器					√	√	√	

续上表

序号	检修内容	日常检查	C1 级修	C2 级修	C3 级修	C4 级修	C5 级修	C6 级修	计划外维修
2.19	CMD 车载子系统								
	检查插件指示灯状态	√	√	√	√	√	√	√	
2.20	列车供电柜								
	外观检查柜体	√	√	√	√	√	√	√	
	检查列供柜控制箱	√	√	√	√	√	√	√	
	外观检查柜内各部件		√	√	√	√	√	√	
	部件性能检测					√	√	√	
	更新冷却风扇等					√	√	√	
	单台性能检测					√	√	√	
3	车外设备								
3.1	车体								
3.1.1	前窗玻璃								
	加热系统功能检查		√	√	√	√	√	√	
	检查温控器		√	√	√	√	√	√	
	检查前窗玻璃四周密封状态					√	√	√	
	更换前窗玻璃								√
3.2	钩缓系统								
3.2.1	车钩								
	目视检查	√	√	√	√	√	√	√	√
	车钩三态检查	√	√	√	√	√	√	√	
	尺寸检查		√	√	√	√	√	√	
	探伤检查		√	√	√	√	√	√	
	更换钩尾框								√
3.2.2	缓冲器								
	目视检查	√	√	√	√	√	√	√	
	尺寸检查					√	√	√	
	更新缓冲器芯体						√	√	
4	车下设备								
4.1	转向架								
4.1.1	转向架构架								
	外观目视检查	√	√	√	√	√	√	√	√
	解体检查						√	√	
	重新油漆						√	√	
4.1.2	轮对及轴箱装置								

续上表

序　号	检修内容	日常检查	C1级修	C2级修	C3级修	C4级修	C5级修	C6级修	计划外维修
4.1.2.1	轮对								
	外观检查	√	√	√	√	√			√
	尺寸检查		√	√	√	√	√	√	√
	车轮轮辋进行超声波探伤检查		√	√	√	√			
	车轮踏面恢复性旋修			√	√	√			
	车轮解体检修						√	√	√
	车轴检修						√	√	√
4.1.2.2	轴箱组装								
	机车车载安全防护系统(6A系统)地面专家诊断分析		√	√	√	√			
	轴箱轴承、抱轴箱轴承动态检测				√	√			
	更新轴承单元						√	√	
	更新拆卸的紧固件、O形橡胶圈						√	√	
	轴箱体探伤检查						√	√	
4.1.3	驱动装置								
	机车车载安全防护系统(6A系统)检查	√	√	√	√	√			
	更新拆卸的紧固件、O形橡胶圈						√	√	
	试验						√	√	
4.1.3.1	抱轴箱装置								
	抱轴承补脂				√	√	√		
	抱轴箱体探伤检查							√	√
	更新抱轴承							√	√
4.1.3.2	主、从动齿轮及齿轮箱								
	主、从动齿轮轮齿磁粉探伤检查						√	√	√
	齿轮箱油位检查	√	√	√	√	√	√	√	√
	清洗磁性螺堵		√	√	√	√	√	√	√
	更新齿轮油		√	√	√	√	√	√	√
	清洗齿轮箱						√	√	√
	更新密封垫和O形圈						√	√	√
4.1.4	电机悬挂								
	外观检查	√	√	√	√	√			
	解体检查						√	√	
	更新橡胶关节						√	√	
	更新拆卸的紧固件						√	√	√

续上表

序号	检修内容	日常检查	C1级修	C2级修	C3级修	C4级修	C5级修	C6级修	计划外维修
	—电机吊杆探伤检查						√	√	
4.1.5	一、二系悬挂								
4.1.5.1	一系悬挂								
	外观检查	√	√	√	√	√			
	解体检查						√	√	
	一系弹簧探伤检查						√	√	
	更新橡胶关节						√	√	
	更新一系弹簧橡胶垫						√	√	
	一系垂向减振器检修						√	√	
	更新拆卸的紧固件						√	√	√
4.1.5.2	二系悬挂								
	外观检查	√	√	√	√	√			
	解体检查						√	√	
	拆检二系弹簧,弹簧探伤检查						√	√	
	更新二系弹簧橡胶垫						√	√	
	二系横向、垂向减振器检修						√	√	
	止挡检修						√	√	
	更换拆卸的紧固件						√	√	√
4.1.6	牵引装置								
	外观检查	√	√	√	√	√	√	√	√
	解体检查					√	√	√	
	牵引销锥部及根部过渡圆角、牵引杆磁粉探伤					√	√	√	
	更新 M24 螺栓					√	√	√	
	更新橡胶关节						√	√	
	更新拆卸的紧固件、O 形密封圈					√	√	√	√
4.2	轴端接地装置								
	检查接地状态	√	√	√	√	√	√	√	
	开盖检查 2、5 轴接地装置				√	√	√	√	
	更新绝缘件、密封件						√	√	
	检查铜轴及圆锥弹簧状态						√	√	
	更新铜轴及圆锥弹簧等							√	
4.3	牵引电机								
4.3.1	牵引电机外观检查								
	外观检查两端轴承附近区域不许有漏油	√	√	√	√	√			

续上表

序　号	检修内容	日常检查	C1级修	C2级修	C3级修	C4级修	C5级修	C6级修	计划外维修
	检查机座小吊挂座、小吊挂弧板	√	√	√	√	√			
	检查螺栓连接、连接器连接	√	√	√	√	√			
4.3.1.1	轴、轴承								
	对轴进行渗透和磁粉探伤						√	√	
	电机轴承补充润滑脂			√	√	√	√	√	
	更换轴承，油脂更新						√	√	
4.3.2	定子								
	测量线圈对地绝缘电阻						√	√	
	测量三项线电阻						√	√	
	绝缘耐压试验						√	√	
4.4	主变压器								
	检查储油柜的油位和油色	√	√	√	√	√	√	√	
	变压器油(运行中的变压器油)化验			√	√	√	√	√	
	油泵解体检查						√	√	
	储油柜检修							√	
	主变压器解体检查							√	
	主变压器总装							√	
	主变压器试验							√	
4.5	牵引电机进风道								
	检查进风道密封状态	√	√	√	√	√			
	更新进风道						√	√	
4.6	轮盘制动装置								
	解体检修						√	√	
5	车顶设备								
5.1	受电弓								
	检查受电弓各部件状态	√	√	√	√				
	受电弓升弓、降弓性能试验	√	√	√	√				
	受电弓例行试验					√	√	√	
	更新橡胶弹簧元件						√	√	
	解体清洁快排阀						√	√	
	更新气囊					—	√	√	
	更新滑板						√	√	
	更新钢丝绳						√	√	
	更新阀板							√	

附录 缩写表

缩　　写	说　　明
6A	机车车载安全防护系统
13CP	13 控制部分
16CP	16 控制部分
20CP	20 控制部分
ABDR	空气制动安全检测
AC	交流
ACCT	输入电流互感器
ADD	自动降弓装置
AFDR	防火监控
AGDR	高压绝缘监测
AK	充电接触器
APDR	列车供电监测
ATDR	走行部故障监测
ATP	列车自动保护系统
AVDR	视频监控及记录
BCCP	制动缸控制部分
BPCP	列车管控制部分
CHR	限流电阻
CI	主变流器单元
CIR	机车综合无线通信设备
CMD	中国机车远程监测与诊断系统
COV-CTR	整流侧控制单元
CTU、CTW	输出电流互感器
CVCF	恒压恒频
DBTV	空气制动阀
DC	直流
DCPT	直流电压传感器
DER	无火回送装置
DMIS	列车运行信息传输设备
EB	回流接地装置

续上表

缩 写	说 明
EBV	制动控制器
EPCU	电控控制单元
ERCP	均衡风缸模块
HCM	列供通信模块
HVB	高压套管
Hz	频率
IGBT	绝缘栅双极型晶体管
INV-CTR	逆变侧控制单元
IPM	制动系统控制单元
JKXS	集控插座
K	工作接触器
KM	接触器
LAIS	机车运行监测数据无线传输装置
LC	滤波柜
LCDM	制动显示屏
LDP	机车车载综合信息监测装置
LG	列车供电柜
LKJ	列车运行监控系统
LRU	现场可替换单元
M	牵引电机
M-CPU	主控制单元
Master	主系统
MMI	操作显示终端
MTUP	铁路移动数据传输统一平台
MVB	多功能车辆总线
NF	降噪滤波器
OVT	过电压放电单元
PG	受电弓
PCS	动力切除
PV	电压表
PS-1	压力保护开关
PSJB	供电接线盒
PSU	电源柜功率单元
PWM	脉冲宽度调制
QA	自动开关

续上表

缩　　写	说　　明
QF	主断路器
QS	高压隔离开关
RIM/CJB	继电器接口模块
SA	转换开关
Slave	从系统
TA1	高压电流互感器
TA2	低压电流互感器
TAX	机车安全信息综合检测装置
TCMS	机车控制与监视系统
TM1	主变压器
TMIS	机车标签写入单元
TR-1	温控开关
TS-1	温度保护开关
UA(又称作 APU)	辅助变流器
UM	牵引变流器
VVVF	变压变流
XSA	列车供电连接器